U0311057

福建省社会科学研究基地“新时代乡村治理研究中心”资助

福建省农业面源污染治理效率测度及影响因素研究

唐江桥　著

责任编辑：吕　楠
责任校对：孙　蕊
责任印制：陈晓川

图书在版编目（CIP）数据

福建省农业面源污染治理效率测度及影响因素研究 /唐江桥著 . -- 北京 ： 中国金融出版社，2024. 8. --ISBN 978-7-5220-2514-8

Ⅰ. X501

中国国家版本馆 CIP 数据核字第 2024H2S303 号

福建省农业面源污染治理效率测度及影响因素研究

FUJIANSHENG NONGYE MIANYUAN WURAN ZHILI XIAOLÜ CEDU JI YINGXIANG YINSU YANJIU

出版发行 中国金融出版社

社址　北京市丰台区益泽路 2 号

市场开发部　(010)66024766，63805472，63439533（传真）

网 上 书 店　www. cfph. cn

(010)66024766，63372837（传真）

读者服务部　(010)66070833，62568380

邮编　100071

经销　新华书店

印刷　涿州市般润文化传播有限公司

尺寸　169 毫米×239 毫米

印张　11

字数　183 千

版次　2024 年 8 月第 1 版

印次　2024 年 8 月第 1 次印刷

定价　89. 00 元

ISBN 978-7-5220-2514-8

如出现印装错误本社负责调换　联系电话(010)63263947

前 言 | Preface

随着中国经济的快速发展和人口的增长，农业面源污染问题逐渐引起了公众和政府的关注。农业面源污染，尤其是化肥和农药的过度使用，直接影响了水源的质量，对生态系统和公众健康构成威胁。福建省作为我国东南沿海的重要农业省份，面临着较为严峻的农业面源污染问题。因此，提出并实施有效的农业面源污染治理策略，对保护水资源，维护生态平衡，实现可持续农业发展具有重要意义。

本书旨在深入研究福建省农业面源污染治理的现状、效率及其影响因素，以期为政策制定者提供科学的决策依据，为产业界和学术界提供有价值的参考。

全书共分七章。第一章从全球和中国的视角出发，介绍了农业面源污染的研究背景，阐明了本研究的理论意义及应用价值，并界定了相关概念和提供了理论基础，同时提出了本研究的思路和技术路线图。第二章深入剖析了农业面源污染治理中存在的主要问题，这些问题包括农业面源污染现状底数不清、法规和标准不完善、治理理念和方法不科学、管控成效不显著等。第三章主要阐述如何建立农业面源污染治理效率测度模型，依据生产经济学、环境经济学理论，筛选测度农业面源污染治理效率的投入和产出指标，构建农业面源污染治理效率测度模型。投入指标从污染治理投入的人、财、物三要素选取，产出指标分为合意产出和不合意产出，合意产出采用不变价格的农业总产值，不合意产出采用农业面源污染排放量，然后基于超效率 DEA 方法构建农业面源污染治理效率测度模型，并分析指出农业面源污染治理效率测度模型在应用上存在的主要问题。第四章通过对福建省农业面源污染治理效率的时空分析，揭示了福建省农业面源污染治理效率的变化趋势和区域差异。第五章依据公共管理理论和农业经济学理论，从经济、政治、文化和社会等多个角度提出农业面源污染治理效率的影响因素及影响机理，然后以农业面源污染治理效率为被解释变量，以影响因素为解释变量构建实证分析模型，对影响福建省农业面源污染治理效率的主要因素进行了实证检验。第六章对比研究了国内多个省份的农业面源污染治理经验，以期为福建省农业面源污染治理提供借鉴。第七章基于前面的研究，从乡村振兴战略的实施背景出发，提出了提高福建省农业面源污染治理效率的路径和策略。

本书努力从理论上深化对农业面源污染治理效率的认识，同时提供实用的方法和策略，以助力解决实际问题。笔者希望本书的研究能对福建省农业面源污染治理提供一些有益的指导，对读者理解农业面源污染治理效率及其影响因素有所帮助。此外，也期望本书能引起相关领域学者和政策制定者的关注，共同推动我国农业面源污染治理的进步，以实现我国农业的可持续发展和对生态环境的保护。

在此，笔者希望向那些在研究过程中给予帮助的人们表达诚挚的感谢，也期待读者能从这本书中获得有价值的信息和启示。同时，也欢迎读者的批评和建议，以便笔者在未来的研究中进行改进。

在未来的岁月里，笔者将继续深入研究，为推动我国农业面源污染治理的科学化、规范化、系统化做出更大的贡献。

目 录 | Contents

第一章 导 论

随着工业化和城镇化的发展，农业面源污染已成为福建省环境污染的主要来源之一。为改善环境质量，提高生态文明建设水平，加快乡村振兴步伐，福建省政府持续加大农业面源污染治理力度，实施了一系列政策措施与技术工具。但是，由于自然条件限制、体制机制约束以及人为因素影响，福建省农业面源污染治理效率还未达到令人满意的程度。

本书以测度和提高福建省农业面源污染治理效率为主题，旨在通过分析现有治理工具与技术的应用效果、政策措施的执行力度以及环境质量的变化状况等，评价当前治理效率水平及其影响因素。在此基础上，提出进一步提高治理效率的政策建议与技术路径，为福建省治理体系优化与治理能力提升提供参考，为其他省份农业面源污染治理提供借鉴。

本书研究对象为福建省农业面源污染治理效率，内容分为七章：第一章介绍农业面源污染的研究背景和现状，阐明了本研究的理论意义及应用价值，回顾了研究文献，并解释了相关概念和理论基础；第二章从宏观背景层面分析农业面源污染治理普遍存在的主要问题，因为从更宽泛的意义上深挖也属于本书“治理效率及影响因素”的范畴；第三章基于投入产出分析法选取农业面源污染治理效率测度指标，采用超效率 DEA 方法构建农业面源污染治理效率的测度模型；第四章论述福建省农业面源污染治理效率的时空演变，包括治理现状、时序特征、历史演变、空间分异及其特征，以反映福建省在农业面源污染治理方面的实践经验与教训；第五章分析福建省农业面源污染治理效率的影响因素和影响机理，通过实证分析检验治理效率的影响因素模型；第六章介绍国内兄弟省份农业面源污染治理的典型经验，以及相应的启示意义；第七章总结研究成果，提出乡村振兴背景下提升福建省农业面源污染治理效率的具体路径。

本书立足于福建省实际，面向政策制定者和学术界，应用投入产出分析、数据包络分析、回归分析和实地调查、经验总结等定量和定性研究方法，全面深入地分析福建省农业面源污染治理效率及其影响因素问题，以支持治理决策和提高治理能力。研究成果有助于福建省环境治理水平的提升，也可为其他地区制定农业面源污染综合治理策略提供参考。

第一节　研究背景与研究现状

面源污染是相对于点源污染的概念。美国《清洁水法》将面源污染定义为“污染物以广域的、分散的、微量的形式进入地表和地下水体”①。农业面源污染被公认为是引起水体污染的最大问题之一。从 20 世纪 70 年代开始，学术界开始对面源污染开展系统性研究，至今产生了大量的研究成果，且相关研究方兴未艾。根据已有研究及相关综述，可以用图 1-1 来概括农业面源污染相关研究热点的动态变化。

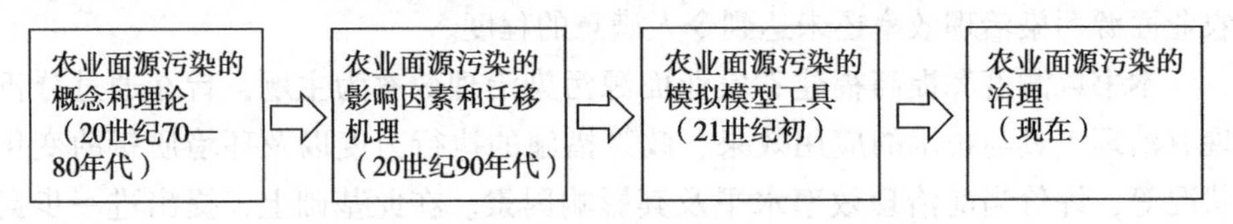

图 1-1　农业面源污染相关研究热点的动态变化

从图 1-1 可见，当前农业面源污染研究的热点是污染治理问题。美国学者格里芬和布罗姆利是农业面源污染治理问题研究的先驱。他们在 1982 年发表的论文中指出，由于农业面源污染的外部性特征，农户不会关心农业生产的污染问题。为此可以采用直接管制和经济激励两种政策措施来控制农业面源污染。直接管制就是规定排污标准，对超过标准者进行惩罚；经济激励就是采用税收工具，对造成面源污染的农业生产资料如化肥、农药等课税，从源头控制农业面源污染。

污染治理效率也称环境治理效率，是指将生产过程中的污染排放和污染治理投资等作为投入，将污染治理量作为产出所计算出的技术效率。值得注意的是，污染治理效率不同于环境效率。环境效率是指考虑了环境因素的技术效率，它是生产效率和污染治理效率的综合结果。因此，本书关注的污染治理效率反映的是环境治理中的投入要素是否得到最大化的有效利用。

就研究对象而言，已有文献大多是探讨工业或区域污染治理效率问题，极少关注农业面源污染治理效率。按照研究内容不同，可将有关文献分为治

① 美国《清洁水法》（*The Clean Water Act*，CWA）是 1977 年美国对于 1972 年《联邦水污染控制法案》的修正案。其涵盖了许多方面的水资源管理，是美国控制污水排放的基本法规。

理效率测度、影响因素分析和治理政策工具三类。

一是有关污染治理效率测度的研究。在研究对象上，已有文献主要关注的是工业行业层面的污染治理效率测度，或者是国家及区域层面的工业污染治理效率测度，而较少关注农业污染治理效率的测度。在研究方法上，污染治理效率的测度方法主要采用 DEA 系列模型（Data Envelopment Analysis，数据包络分析）。模型的投入指标一般为污染治理的资本、劳动力等投入要素，产出指标为污染物去除量。但是有的文献将污染物去除量作为投入指标的一部分，而产出指标为废物再利用的价值（期望产出）和没有被去除的污染物（非期望产出）。DEA 系列模型在污染治理效率测度上的应用已经比较成熟，能够为农业面源污染治理效率的测度提供坚实的基础。

近年来，鉴于各界对国内生态环境问题的强烈关注，我国较多文献对区域层面的污染治理效率进行了研究。董秀海等于 2008 年率先分析了我国全域的污染治理效率，其论著从国际比较和历史发展两个视角对我国污染治理效率进行了测度和比较分析，国际比较结果发现我国的污染治理效率水平只有治理高效率国家的 1/3，历史比较结果发现我国污染治理效率从 1990 年到 2005 年没有本质提升。此后出现了较多测度和描述我国区域污染治理效率的研究文献。这些文献中除了甘甜和王子龙等少数人对市域进行了研究外，大部分人如刘纪山、郭国峰和郑召锋、赵峥和宋涛、张悟移、刘冰熙、范如国的研究都是针对省域。已有对区域污染治理效率的研究并没有区分不同行业的情况，其研究结果无法单独显示农业污染治理效率的具体信息。

二是有关污染治理效率影响因素的研究。已有文献大多探讨区域或者工业点源污染治理效率的影响因素，较少关注农业面源污染。按照行为主体不同，可将已有文献所探讨的污染治理效率影响因素分为政府、企业和公众三类。政府层面因素包括财政分权、环境规制、政府财政压力、地方政府补贴；企业层面因素包括企业环保意识和技术创新；公众层面因素包括公众认知、公众环境监督和参与行为。有关污染治理效率影响因素的研究虽然针对的是区域或者工业污染治理效率，但是在一定程度上能够给农业面源污染治理效率的影响因素研究提供启示和借鉴。

三是有关农业面源污染治理政策工具的研究。农业面源污染管理控制政策最早出现在美国学者格里芬和布罗姆利于 1982 发表的《关于对投入或间接排放措施的标准和激励选择》一文中，此文认为农业面源污染存在外部性，农场作为经济代理者不会关注生产的环境污染问题。因此，管制者可采取两种诱因机制，一种是经济机制中间接测量的排放量课税和对产品或者投入因素课税，还有一种是直接管制中间接测量的排放量下定和限定生产产品或者投入因素。

与环境治理的三大制度经济学派——环境干预主义学派、基于所有权的市场环境主义学派和自主治理学派——相对应，农业面源污染治理的政策工具可以分为命令与控制型、市场激励型和自愿协商型三种。

命令与控制型政策工具是指采用行政命令及具体的标准、规则和制度来控制农业面源污染排放。格里芬和布罗姆利于 1982 年提出的直接管制措施和美国《清洁水法案》就属于这类政策工具。丹尼尔·史普博认为，命令与控制型政策工具的特征在于设置各种标准和规则，如面源污染排放标准、农产品标准和生产技术标准、市场准入规则等，对违反标准或规则者实施法律制裁。

市场激励型政策工具是指通过市场激励机制引导农户采用减少面源污染的生产行为，从而实现控制农业面源污染排放的目标。

自愿协商型政策工具指的是在自愿的基础上完成预定任务，包括信息型环境政策工具和环境标志。肖特尔和托马西等提出面源污染控制的政策措施研究主要集中在两个方面：一方面是运用激励机制去影响产生面源污染的农业生产投入，如化肥和农药的投入；另一方面是利用税收、补贴机制影响面源污染浓度（环境污染浓度）。这两种方法在理论上都能产生一个有效解。

国外有学者提出，可以设计一种基于一个地区某一种污染物浓度的收费制度，可以称为“环境浓度费”。该系统包括设定某种污染物的水平，对超过的地区予以惩罚，对下降的地区予以奖励。环境浓度费包括两个部分，一部分是偏离标准的每单位的惩罚或奖励，还有一部分是独立于偏离量的总惩罚和奖励。每个污染者的责任取决于该地区的污染总量，而不仅仅是其排放水平，因为管理者无法有效地了解所有这些排污者的个人排放量。假如浓度的某一增量对社会造成 1000 美元的损害，那么每个排污者都要付 1000 美元，而不是分担。

还有的学者认为，可以预先设定尺度内社会期望的环境污染水平，然后依据测量水平和期望值之间的偏差采取税收或者补贴制度。而在税率和补贴设定上，则采取差别对待的方式。

也有的学者认为，由于无法精确地监测农业生产的排放量，因而执行不同的税收和数量标准是很困难的，因此应该采用统一的税收和数量标准。对于生产中使用化肥、农药这些具有负外部性的投入征收统一的氮税、磷税等；对购买污染控制设备、施用有机肥等具有正外部性的投入实施补贴。

国外文献对农业面源污染治理政策效率的探讨是针对提出的某一具体政策工具，从理论上探讨其经济有效性。国内对农业面源污染治理的研究文献集中于治理主体、治理政策工具，但是对区域农业面源污染治理效率的研究还很缺乏。

综上所述，国内外文献在污染治理效率问题上已经取得了丰富的成果，但是也存在如下不足：首先，在研究对象上，已有文献大都集中于研究地区或工业点源污染治理效率，而忽视了农业面源污染治理效率；在理论框架上，由于理论界的长期忽视，对农业面源污染治理效率的测度研究缺乏一般的分析框架。其次，在实证分析方面，有关地区污染和工业污染治理效率的实证分析比较丰富，而对农业面源污染治理效率的实证分析则比较少。理论界对我国农业面源污染治理效率研究的忽视与当前全面落实乡村振兴战略的大背景较不相称。

基于上述认识，笔者认为在当前乡村振兴背景下，为了推动产业兴旺和生态宜居协调发展，至少可以从如下方面展开对农业面源污染治理效率的研究：一是构建农业面源污染治理效率测度框架；二是测度福建省乡村振兴背景下农业面源污染治理效率的动态变化和空间分异；三是分析乡村振兴背景下福建省农业面源污染治理效率的影响因素和影响机理；四是探讨乡村振兴背景下福建省农业面源污染治理效率的提升对策。

第二节 研究的理论意义及应用价值

本书运用DEA方法、投入产出分析、实地调查法、面板数据回归分析法等多种方法进行数据采集和分析，构建了农业面源污染治理效率测度模型，具有重要的理论意义和应用价值。

DEA模型提供了一个较为全面和系统的框架来分析农业面源污染治理效率及其影响因素。已有研究框架或针对工业污染治理效率问题，或围绕区域污染治理效率问题，本书构建的分析框架则针对农业面源污染治理效率。分行业的研究结果更具体，有助于发现问题和制定更具针对性的治理对策。该模型考虑了投入和产出两方面，既包括资金、技术、人力等治理投入要素，也包括化学需氧量、氨氮等污染物减排量等治理产出。在此基础上，模型采用多种方法来确定各影响因素的权重，从而得出治理效率的测度值。这种框架不但能够动态地观察治理效率的变化，也可以找到限制治理效率提高的具体因素。

投入产出分析法是一种经济分析工具，用于研究一个经济体系中不同部门之间的相互依赖关系和经济活动的影响。它运用定量分析工具，考察治理投入与产出之间的关系，找出劳动生产率最低、资源利用率最差的环节，从而能够清晰地考察农业面源污染治理投入与产出之间的关系，找出限制治理效率的关键因素，为提高治理效率提供决策依据，对促进治理效率有直接的实践作用。

实地调查法是通过访谈、调查和实地考察等方式，从宏观和微观层面获取影响治理效率的各种难以量化的影响因素，如政策环境、技术条件以及治理意识等。这些软性因素往往对治理效率产生重大影响，该方法可以发现一些模型难以考虑的深层影响因素。

面板数据回归分析法是一种统计方法，用于分析同时包含横截面数据和时间序列数据的面板数据集。它包含了个体效应和时间效应，可以发现一些纵向和横向数据难以观察到的规律，为治理效率影响因素的定量分析提供重要方法。该方法不但可以定量分析已知的影响因素对治理效率的影响程度，也能发现一些传统分析方法难以观察到的新的影响因素，为治理效率影响因素的全面判断提供重要手段。

上述方法为DEA模型参数的合理确定和治理效率影响因素的准确判断提供了重要的分析工具和方法。DEA模型及其采用的投入产出分析法、实地调查法以及面板数据回归分析法，具有重要的互补作用，可以较全面、动态而准确地评估农业面源污染治理效率及其影响因素，不仅推动了农业面源污染治理效率及影响因素研究，也为其他行业和领域的治理效率评估提供了重要借鉴。

本书以福建省为研究对象开展农业面源污染治理效率研究，具有一定的典型性。这是因为，福建省作为我国东部沿海发达省份，不仅农业生产发达，农业面源污染问题也较为严重。福建省农业面源污染治理效率研究虽然具有重要的应用价值和参考意义，但相关研究成果还比较匮乏。目前，我国的相关研究主要集中在少数发达省份或典型流域，而对福建省治理效率研究的关注度还不高，需要进一步加强和深化。而以福建省为对象开展这项研究，不仅可以丰富相关研究文献资料，而且将产生具有一定应用价值和借鉴意义的研究成果。特别是考虑到福建省农业面源污染防治工作面临的压力较大，对治理资源的可持续利用和治理技术的选择等具有迫切的决策需求的实际情况，这项研究直接面向福建省农业面源污染治理实践，势必会产生较高的政策参考价值。另外，福建省自然条件较为复杂，各城市和地区之间社会经济发展水平差异较大，这就决定了区域间治理效率存在较大差异的可能性。以福建省为对象的效率研究，可以更全面地反映不同发展阶段和条件下不同地区治理效率的变化特征和影响机理，研究方法和分析框架具有一定的理论借鉴意义。

以福建省为对象的农业面源污染治理效率研究同时具有一定的应用价值。研究可以为福建省制定更为科学和精准的污染治理政策提供决策依据。例如，可根据效率测度结果确定政策倾斜的重点区域和优先采用的技术手段。这有助于提高已投入资源的回报率和产出效果。

研究可以在一定程度上回应福建省农业面源污染治理决策的实践需要。目前，福建省在治理资金投入较大但效果还不尽如人意的情况下，迫切需要相关研究为治理决策提供依据和参考。本研究针对福建省政策制定者和管理者关心的农业面源污染治理问题开展分析，产出直接针对福建省治理实践的对策建议，具有一定的应用价值。

研究成果可为其他省市在开展农业面源污染治理效率研究和提高治理水平提供借鉴。虽然福建省自然条件和社会经济发展水平与许多其他省市存在一定差异，但是本研究提供的分析框架和研究方法可以为其他省市的同类研究提供参考，可选择适合本地实际的内容进行借鉴。

研究可以丰富农业面源污染防治理论和扩展相关研究领域。目前，我国相关研究主要集中在技术和政策层面，而针对具体省市开展的效率研究还相对较少。本研究可以加深对治理效率影响因素识别和作用机理的理解，拓展效率研究的理论基础和应用范围。

除此之外，本书的另一重要理论意义在于，其研究视角从简单地追求治理投入的数量增长，转向关注治理效率的提高。这是本书理论意义和实践价值的重要体现。

已有文献关注农业面源污染治理中污染物排放量的变化，即数量问题。农业面源污染治理工作长期以来更加重视投入量的增加，如加大资金投入、提高技术力度和人员配备等，而较少关注这些投入能否转化为理想的治理产出和效果。无论是在理论研究方面还是在实践中，这种注重数量而忽视效率的做法，不仅导致资源利用率低下，也难以真正改善环境质量。本书关注农业面源污染治理效率问题，即污染治理投入与产出的比例变化。本书构建的DEA 模型及采用的数据采集分析方法，是一种基于效率的视角。模型不但考虑了治理投入要素，也同时专注于治理产出。投入产出分析和面板数据模型等方法则致力于考察投入转化为产出的效率水平及影响该效率的因素，从而可以有针对性地提出提高效率的策略举措。

这种由数量视角转向效率视角的研究思路，体现了系统思维和科学管理理念。一方面，通过效率测度可以明确农业面源污染治理资源的利用程度和效果，找出资源浪费或配置失当的地方，为决策者制定更加科学和精准的污染治理政策提供依据。比如，可以根据效率测度结果，优先配置资源到效率较低的区域或选择效率更高的治理技术和措施。另一方面，通过分析影响效率的因素，可以发现制约治理效率提高的瓶颈，并据此提出有针对性的建议和措施。例如，如果发现法规体系不完善是导致某地区治理效率较低的原因之一，可以加速该地区相关法规和政策的出台。如果发现技术条件匮乏是主要影响因素，那么增加技术培训和财政支持力度就是比较实际的建议。

由数量视角转向效率视角的研究思路，其理论意义及应用价值体现在以下几个方面。

第一，效率研究可以为治理资源的跨区域配置和结构调整提供参考。资源可以优先向效率较高的区域倾斜，在效率相对较低的区域采取效率提高措施后再增加资源投入。从长期来看，效率研究可以推动治理资源的最优配置和结构调整。只有在一定的投入基础上持续追求效率的提高，不断优化资源配置和修订不合理的政策措施，才能真正发挥投入的最大效用，达到事半功倍的效果。

第二，效率研究可以推动治理资源的动态优化配置。通过定期复测和跟踪效率变化，可以及时发现效率较低区域的变化，并相应调整资源配置计划，将更多资源投向新出现的低效区域。长期跟踪还可以监测区域间效率的收敛状况，避免出现效率差距持续扩大的情况。

第三，效率研究可以为绩效考评和责任制提供客观依据。根据不同区域的治理效率，可以制定差异化的绩效目标和评价标准，并据此实施差异化的责任考核和激励机制。这有助于提高全体工作人员的积极性。

第四，效率研究可以指导新技术、新工艺的选择和推广应用。根据效率测算结果可以优先选择和推广效率更高的新技术，或者就主要影响技术选择的因素进行有针对性的改进，不断优化治理技术结构。

第五，效率研究还可以为跨地区甚至跨国的治理经验借鉴提供参考。通过效率比较可以找到治理效果更优和资源利用更高效的地区，分析其治理措施和经验，并选择适合其他地区采纳和推广的内容。这可以避免重复探索，加速其他地区治理水平的提高。

第六，效率研究结果还可以为治理项目的财政资助提供决策依据。资助力度可以优先或增加向治理效率较高的项目或地区倾斜，这可以产生更大的治理效益和回报。

本书由数量视角向效率视角转变的研究思路，为环境管理研究和实践提供了一个新的和更为成熟的思考框架，这也使本书的研究成果不仅对农业面源污染治理效率提高有指导作用，而且对其他环境管理领域也具有重要的借鉴意义。

第三节 相关概念和理论基础

农业面源污染治理效率及其影响因素是一个系统的概念，涉及投入要素配置、产出效果实现和外部环境等方方面面。其中“效率”二字应作为中心词，其关乎在给定的资源投入下，达到污染治理目标的程度，因而是评价治理工作绩效的关键指标。它不仅考虑农业面源污染治理者的行为变化，也考虑环境质量的实际改善状况。本书重点关注的就是效率。

影响农业面源污染治理效率的因素包括投入要素和外部环境因素两方面。投入要素主要包括资金投入、技术手段、人力资源等，这些要素的数量和质量直接决定了治理产出，从而影响治理效率。外部环境因素则包括政策法规、产业结构调整、公众意识水平、政府监管力度、治理策略、区域协作现状、治理主体多元化等，这些因素能够影响投入要素的获取和配置，并最终决定农业面源污染治理活动的方向和效果。

本书对农业面源污染治理效率及其影响因素相关概念的实证性解读，无疑需要基础理论作为支撑。除了相关方面的研究成果为本书提供借鉴外，项目管理理论和环境经济学相关理论也是不可或缺的理论基础。

农业面源污染治理效率受到项目管理理论的影响。如制定科学的治理方案，合理确定目标和路线图，加强过程监测和评估，发现问题及时纠正等。公共政策分析理论也提供一定启示，如政策工具选择、目标受众分析以及政策执行力度等都会影响效率。

环境经济学相关理论也为效率评价提供了方法基础。例如，运用投入产出模型以及专家和实地调查法选取农业面源污染治理的投入指标和产出指标；运用面板数据回归分析方法对福建省农业面源污染治理效率的影响因素及影响机理进行实证分析。此外，还可以通过成本效益分析评价不同治理方案的效率；通过评估非市场环境产品和服务的经济价值，了解治理产出的效益等。

总之，作为一个系统概念，农业面源污染治理效率及其影响因素研究涉及经济学、管理学、环境科学等多学科交叉的理论知识。只有在这个系统的框架下全面分析各种影响因素及其作用机理，才能有针对性地提出提高治理效率的策略和方法。因此，笔者运用定量与定性相结合的方法，注重从宏观和微观尺度上全面测度福建省农业面源污染治理的成效与影响。

第四节　研究思路和技术路线图

本书研究思路是从农业污染治理对实施乡村振兴战略的重要意义出发，在国内外文献梳理的基础上形成选题。主要内容安排的基本思路是：首先从宏观背景层面分析农业面源污染治理普遍存在的主要问题；接着构建农业面源污染治理效率的测度框架，测度农业面源污染治理效率；其次论述福建省农业面源污染治理效率的时空演变；再次提出福建省农业面源污染治理效率的影响因素理论；接着介绍福建省兄弟省份农业面源污染治理的典型经验与启示意义；最后是效率提升路径设计（见图 1-2）。

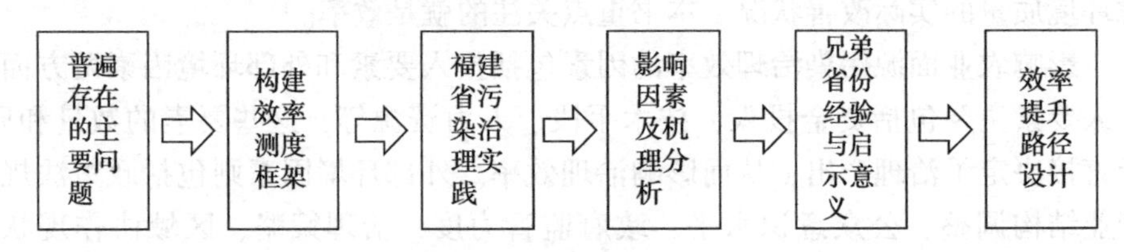

图 1-2　研究思路示意

伴随研究思路的是研究方法：一是面板数据回归分析法；二是投入产出分析、专家和实地调查法；三是超效率 DEA 模型（见图 1-3）。

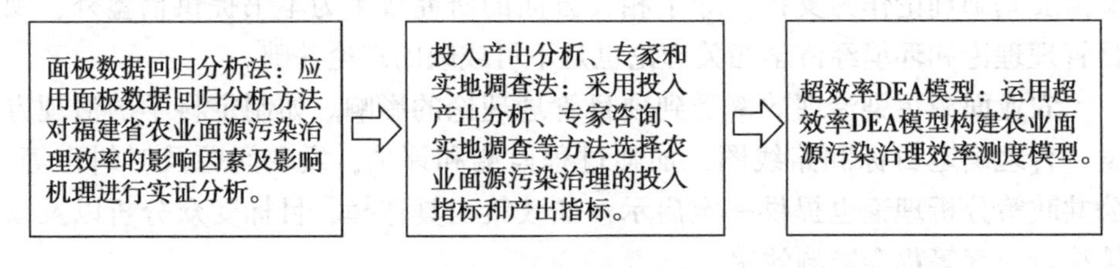

图 1-3　技术路线图

面板数据回归分析法是一种在经济学、社会学、政治学等领域广泛应用的方法。它利用多个时间序列的横截面数据（即面板数据），来分析变量之间的关系，然后得出结论，给出建议。第一步是采集跨时间观测同一群体的重复交叉数据，包含时间序列数据和截面数据。在本书中，笔者首先收集、整理自 2011 年以来福建省农业面源污染治理的投入和产出数据；其次基于指标数据，运用农业面源污染治理效率测度模型测度全省及九地市的农业面源污染治理效率；最后基于效率值从时间和空间两个维度分析各省市区效率的历史演变规律和空间分异特征。第二步需要确定回归模型的具体形式，常见的有简单线性回归、多元线性回归等。在构建回归模型时，还需要考虑存在的全要素生产函数、内生性问题以及跨期相关性问题。可采用适当的估计方法如二次差分法、工具变量法、常量项修正模型等来缓解这些问题，得到一致和有效的回归参数估计。此外，回归模型还需要进行整体显著性和个别显著性检验、不同面板模型的稳健性检验，然后选择最优模型。最后，需要就面板数据回归分析的结果进行归集总结，得出结论并给出建议。

面板数据回归分析是一个全过程，需要进行数据收集、模型选择与确定、估计与检验、结果分析解释等步骤。只有全面系统地对每个步骤进行考虑，才能得到稳健和理论上可靠的回归分析结果。

在具体实施面板数据回归分析时，还需要注意几个问题：第一，面板数据的平衡性问题。平衡面板数据是指观测对象每个时间点均有观测值，非平衡面板数据则相反。平衡面板数据更容易处理，但现实中非平衡面板数据更常见，需要对此进行相应调整。第二，动态面板数据问题。当回归模型包含滞后因变量时，会产生动态面板数据问题。此时需要采用适当的估计方法以消除相关性，如系统 GMM 法等。第三，交叉条目依赖问题。当面板数据同时包括时间序列和截面数据时，各个截面单元之间可能存在交叉相关性，这会导致参数估计的标准误差偏小，必须进行相应修正。第四，个体异质性问题。不同的截面单元个体特征可能不同，这种个体间的异质性也需要在模型中予以考虑，可采用随机效应模型或在固定效应模型中加入个体特征变量。第五，动态异质性问题。个体效应随时间的变化也属于动态异质性问题，需要对模型进行相应修正，如加入个体特定的时间趋势项等。

总的来说，面板数据回归模型的精确性和稳健性依赖于对各种潜在问题的考虑和修正。只有在全面检验与调整的基础上，选择最优的面板数据模型与估计方法，才能得到较为准确和可靠的回归分析结果。

评价农业面源污染治理的效率，应运用投入产出分析法、专家咨询法和实地调查法，从投入与产出、项目落地情况和环境改善三个方面获得数据，然后根据数据建立超效率 DEA 模型，用这个模型研究具体对象，也就是本书研究的对象——福建省农业面源污染治理效率。

投入产出分析作为评价农业面源污染治理效率的重要方法，其优点主要体现在：第一，可以量化判断治理项目的成本效益和资源利用率，提供一个相对客观的量化参考依据。不同于仅从管理或环境改善的角度出发，它综合考量项目的经济学效应，从而可以更直接地反映项目治理成果。第二，其分析的结果具有可比性。笔者可以运用相同或相近的方法对不同时间段或区域的治理项目进行效率分析，从而比较各项目的表现，找到更高效的模式与经验。这可以为决策者选择和推广项目提供参考。第三，投入产出分析可以采取动态评价方法，考虑项目运作过程中的时间价值影响，如价格变动和技术进步带来的影响。这可以提供项目长期运作的效率预期，为后续治理工作的持续改进提供依据。第四，投入产出分析的过程可以检验项目规划的合理性，发现投入结构、时间安排、资金使用等方面的不足，及时纠正和调整。这有利于项目在执行过程中的有效管理和控制，避免投入产出比例失衡等问题的产生。第五，投入产出分析需要收集和整理大量治理数据，这可以为日后深入研究治理项目运作规律和项目效率影响因素打下基础。相关数据和案例也有利于推广应用和决策参考。

通过上述几点可以看出，投入产出分析是评价农业面源污染治理效率的重要方法。实践中，运用这一方法评估农业面源污染治理效率的具体步骤如下。

第一步，收集近年来农业面源污染治理的投入与产出数据。投入数据主要包括政府财政资金投入、涉农企业环保治理成本、农民生产成本增加等。产出数据包括福建省近年来项目实现的化肥使用总量、强度和结构变化，农药使用总量、强度和结构变化，以及增值产业增加产值和节省的环境损失等经济效益数据。

第二步，通过构建适当的评价模型与方法对数据进行处理与货币化。例如，利用生态系统服务价值评估法评价环境效益，采用投入产出模型评估经济效益。构建农业面源污染治理的动态投入产出表，展示不同数据类别的费用与收益情况。

第三步，考虑项目治理投入产出的时间差异，选择适当的社会折现率对各期数据进行折现，计算出不同年份的投入产出净现值和投入产出比。这可以反映该地区农业面源污染治理项目的动态效率和资金利用情况。

第四步，根据资金来源确定投入产出比的目标值，如政府项目常以投入产出比 1.5~2 为效率标准，企业项目可提高至 3~5。利用第三步得到的投入产出比与目标值进行比较，判断农业面源污染治理效率的高低。

第五步，综合考量该地区水环境质量变化、农产品质量提高状况以及公众环境满意度调查结果等定性指标。与投入产出分析结果互相印证，判断治理工作的实际效果与影响，找出效率低的原因，及时改进与调整。

项目落地情况考察着眼于治理工作的实施过程，它通过调研不同项目的运行情况，分析项目在实施中的差异与共性，评判治理资源是否真正转化为治理效果，治理措施是否切实发挥作用，这可以补充投入产出分析等定量方法评价难以全面考量的内容。

比如，笔者针对福建省的化肥减施补贴、畜禽养殖污染治理、设施农业推广应用等不同项目实施区域开展实地调研，重点考察项目在省内的覆盖面与普及率，各区域在项目设计、资金使用、技术应用、效果评估等环节的差异，并分析差异产生的原因。以此判断该治理工具或技术在全省范围内的适用性以及在不同条件下的效果。

同时，笔者采访了福建省相关政府部门、项目运行单位和受益群体，了解了实施过程中存在的问题与不足。如资金使用的时效性与透明度、不同利益群体的参与度、技术推广的切实性以及项目管理手段的科学性等。以判断项目实施的程序与体制是否科学与高效，项目效果能否最大限度地转化。

另外，笔者还结合福建省水体水质监测数据、土壤污染状况实地调查以及生态环境变化，上下游或不同实施区域的数据，进行横向对比分析，考察治理效果在空间上的差异性，从而可以更加准确判断不同项目措施或工具的实际效果与影响程度。这也可以为后续治理工作的目标设定、路线选择与推广提供依据。

实践证明，通过对项目落地运行情况的全面调研与考察，不仅可以发现存在的差异与问题，形成客观的评价判断，也可产生改进意见与建议。这需要所有的研究者们具有广泛的学科知识与实践经验，选择科学的调研与分析方法，最终达到为治理工作提高效率、促进项目的科学高效实施提供支持与服务的目的。这是进行治理效率评估的重要环节与内容之一。

环境改善情况考察着眼于治理项目的最终效果，它通过监测与调查水体水质、土壤污染状况和生态环境质量等的变化，判断治理工作是否真正达到改善环境的目的，评价治理效果的显著性与持久性。这是判断治理效率的重要依据之一。

在评价福建省农业面源污染治理效率时，笔者首先关注的是主要江河湖泊的水质变化，选择一定时期内的水质监测数据进行对比分析。如氨、氮、磷等常规污染物浓度的下降趋势和频率，优良水质断面比例的提高等，以判断水体污染治理效果与变化速度。

同时，笔者还注重了解福建省主要农耕区的土壤污染状况变化。通过对不同时期的土壤污染状况调查与监测结果进行对比，判断优良农田比例提高情况和不同污染项目的浓度减少幅度。以判断土壤污染治理的进展与成效。

另外，笔者还注重考察生态环境质量的变化，如民众环境满意度提高情况、典型生态系统服务功能增强状况以及生物多样性提高情况等。在此过程中，笔者还运用了生态学和环境经济学的相关理论与方法进行评估，以提供环境改善的整体状况与生态效益。

鉴于福建省环境质量的变化受多方面因素影响，笔者注意排除其他因素如气候变化、产业转型等对福建省农业面源污染治理效率产生的影响，避免误判。同时，也需要考虑一些治理项目效果的滞后性。环境改善往往需要一定时间才能显现出来，还需要笔者通过一个相对较长的时间跨度对某一环境治理项目进行考察与分析。

DEA 模型即数据包络分析法在本书中的具体应用，在后面的章节中将会讲到。这里暂不涉及实际应用，只是介绍它的基本原理及在效率评估方面的作用。

DEA 模型是一种非参数法的影响度量方法，用于评价决策单元的相对效率和找出影响效率的关键因素。它通过建立一个以多个投入和产出构成的效率边界来测量每个决策单元到该边界的距离，从而得出其相对效率值，并确定效率低下的原因。

DEA 模型的基本思想是：在多个投入产出的情况下，效率最高的决策单元会构成一条以其投入产出组合为边界点的生产边界。其他不在边界上的决策单元到该边界的距离则代表其相对效率的高低，距离边界越远效率越低。根据每个决策单元到生产边界的投入或产出松弛量，可以找到限制其效率提高的具体因素。

DEA 模型有投入导向模式和产出导向模式之分。投入导向模式着眼于在不变的产出水平下尽可能减少投入以提高效率；产出导向模式则在固定的投入下追求产出的最大化来提高效率。二者分析角度不同但结果一致，可根据研究对象或目标选择使用。

DEA 模型有别于传统的比率分析方法，它可以在多个投入和产出的情况下构建生产边界并测量相对效率，无须事先确定投入产出之间的权重，避免了主观性带来的误差。它还可以通过松弛量分析精确定位每个决策单元的改进空间，为效率提高提供切实的改进策略，这也是其作为一种效率评价和影响分析工具的优点所在。

因此，DEA 模型是评价机构或者区域的相对效率及其影响因素的有力工具，特别适用于管制多种投入产出的公共部门和非营利组织。它为决策提供了量化和可操作的改进策略，有助于资源的优化配置和组织的科学管理。这也正是 DEA 模型能够广泛应用于农业面源污染治理效率测度与影响因素分析的原因。

DEA 模型对于农业面源污染治理效率的测度与影响因素分析具有重要意义。DEA 模型可以在多个投入产出指标的情况下，构建出治理效率的测度模型，避免了单一投入产出比率分析的盲目性与主观性，更加全面和准确地评价治理效率；DEA 模型可以同时考虑治理的投入要素和产出效果，从投入产出系统的角度科学衡量治理效率，这与农业面源污染治理实践的内在逻辑是一致的；DEA 模型通过效率权值和松弛变量分析，可以准确地发现限制治理效率提高的具体因素，为制定有针对性的改进策略提供理论依据，这也是传统方法难以实现的；DEA 模型可以区分出技术效率和规模效率，分析技术进步和规模扩张对治理效率的影响，为治理组织的发展规划提供参考；DEA 模型无须预先确定各种投入产出指标的权重，避免了研究者主观判断带来的误导，这与公共产品和服务的多种功能属性是吻合的；DEA 模型可以处理多种投入产出的数据，适用于评价不同地区、不同时间的治理效率，与传统的单一指标比较分析方法相比，有更强的适用性。

因此，DEA 模型是一种科学和全面衡量农业面源污染治理效率及其影响因素的重要工具。它可以较好地反映公共产品与服务的特性，对多元投入产出情况下的决策和管理有重要作用，使其成为环境管理研究与实践的理想方法。

值得进一步说明的是，在测度农业面源污染治理活动效率过程中，DEA 模型使用数据的原理。实践中，DEA 模型使用的数据应遵循经济学和管理学的一般原理，同时根据公共产品和环境治理的特点进行针对性选择。

实务中，DEA 模型对于投入产出分析法、专家咨询法、实地调查法提供的不同类型和不同来源的污染数据，不局限于某一污染物或污染介质。不同的污染物如氮、磷、重金属以及农药等，会对环境产生不同影响，DEA 模型必须综合考虑这些污染物，这样才能更全面地测度污染治理效果。不同来源的数据，如土壤、水、作物、排放口等，可以解析污染在不同环境介质间的迁移，评价治理措施在控制污染迁移和累积方面的效果。

DEA 模型注重选择能够真实反映农业面源污染治理活动的投入产出变量。投入变量应包含融资投入、技术投入和人力资本投入等，产出变量应包含典型污染指标的减排量以及环境质量的提高幅度等。这些变量应具有可比性和非负性，且不会出现高度相关，以确保评价的全面性与准确性。

DEA模型也注重选取农业面源污染治理有代表性的区域或者组织作为评价对象。这些决策单元的数据应在同一时期内采集，或通过模型转换到同期进行比较，时间跨度应根据研究目的确定。所有决策单元的数据均应采集归集，以构建全面的评价模型。对无法获得的数据，应采用合理方法进行填补或剔除。

DEA模型要求提供的数据具有真实性、准确性与完整性。数据应根据统一标准采集并严格控制质量，填补或剔除不合理数据。投入产出变量的数据要能够体现真实的治理活动水平；DMU数据要能代表其整体状况，对不可获得数据应予以合理认定。

在数据处理方面，DEA模型有时需要对原始数据进行规范化处理。如使用主成分分析法提取部分数据以消除相关性，使用均值法填补缺失值，使用三倍标准差法剔除异常偏离点等。这些处理应在不影响数据代表性的前提下进行。

综上所述，DEA模型使用农业面源污染治理活动数据需遵循经济学和管理学的一般原理，要能够真实反映被研究对象的投入产出情况。同时，鉴于公共产品与环境治理的特性，数据的采集与处理应尤为严谨，减少主观性判断对结果的影响。只有在数据的全面性、准确性和可靠性得到控制的基础上，DEA模型才可能产生有意义的效率评价结果与影响因素判断。这也是其作为治理效率分析工具的优势所在。

第二章　农业面源污染治理普遍存在的主要问题分析

农业面源污染是当前环保领域中的一个重要议题，主要包括农业面源污染现状底数不清、法规和标准不完善、治理理念和方法不科学、治理管控成效不显著等。其中，农业面源污染的基础数据和实际污染状况不清，导致治理目标和措施难以精准定位；相关法规和标准不够完备，制约了治理工作的开展；治理理念和方法比较传统，缺乏科学性和针对性；治理管控的效果和成效难以准确评估，影响持续改进。针对这些具体问题，需要探讨更加有效的解决方案，以改善农业面源污染问题的现状。

第一节　农业面源污染现状底数不清

农业面源污染现状底数不清是当前环保领域中的一个重要问题，诸如农田污染源头数据不全、农田污染物产出数据不全、农村生活污水和垃圾处理现状不清以及存量污染问题难以完全清楚等。农田污染源头数据和农田污染物产出数据是了解污染源和污染物扩散的关键，而掌握农村生活污水和垃圾处理现状则是解决农村环境污染的重要前提。此外，存量污染问题也是治理农业面源污染的一大难点。因此，需要采取有效的措施，建立健全的数据统计和监测机制，以全面了解农业面源污染的现状，为治理工作提供科学依据和支持。同时，还需要加强农村生活污水和垃圾的处理能力，解决存量污染问题，全面提升农业环境的质量和生态保护水平。

一、农田污染源头数据不全

农田污染源头数据一般包括农药使用情况、化肥施用量、畜禽养殖排放、农田灌溉水质等方面的信息。通过收集和分析这些数据，可以识别农田污染的主要因素和热点区域，明确治理的重点和优先级。此外，农田污染源头数据还可以用于评估污染物的扩散路径和对环境的影响程度，为区域性和精准化的农田污染治理提供科学依据。同时，这些数据也有助于建立监测网络和预警系统，实现对农田污染的实时监测和预测，及早发现和应对潜在的污染风险。农田污染源头数据不全是农业面源污染现状底数不清中的一个主要问题。

农田污染是指在农业生产工程中，由于施用农药、化肥、畜禽粪便等农业投入品和废弃物，导致农田土壤、水体、大气等环境受到污染和破坏的现象。农田污染已经成为一个全球性的环境问题，而其污染源头数据不全则是导致农田污染治理难度加大的主因之一。在目前的农业生产中，化肥、农药、农膜、煤渣、垃圾等多种因素都可能导致农田污染，但对于这些污染源头的数据收集和分析却存在着诸多难题。

农业生产中使用的化肥和农药种类繁多，使用量也很大，但是这些数据往往由各地的农业部门和生产企业自行统计，缺乏全面、准确、及时的数据支持。因此，在制定农田污染治理措施时，缺乏科学的数据支持，容易导致决策的盲目性和不可操作性。

农膜、煤渣等污染源头的数据收集更加困难。农膜和煤渣往往是由农民自行使用和处理的，缺乏有效的监管和数据统计，导致相关数据的缺失。垃圾污染的数据也很难收集，因为垃圾来源复杂，处理过程不透明，数据难以准确统计。

此外，一些企业为了规避环保监管，会将工业废水、废气等直接排放到农田中，使农田受到严重污染。但由于这些企业的排放数据不公开，相关数据也很难收集和分析，难以进行有效的治理和监管。

因此，为了有效治理农田污染，需要加强对农业生产中各种污染源头的数据收集和分析，建立完善的数据监测网络和信息化平台，提高数据的可信度和时效性，使治理措施更加科学和可操作。同时，需要加强对污染企业的监管和处罚力度，推动企业倡导绿色生产，减少对农田的污染。只有这样，才能保障农田环境的健康和可持续发展。

二、农田污染物产出数据不全

农田污染物的产出涉及多个因素，主要包括土壤、水体和大气等方面。这些农田污染物对土壤、水体和生态环境都可能造成负面影响，需要采取措施减少其产生和影响。但由于污染物的产出过程复杂，数据的收集和分析十分困难，导致农田污染的治理面临一定的挑战。首先，缺乏全面性使我们对农田污染的全貌难以了解，无法准确评估其对环境和人类健康的潜在风险。

其次，缺乏具体数量使我们无法量化污染物的产出量和趋势，难以进行科学分析和制定针对性的防治措施。最后，缺乏更新性导致我们无法及时了解产出数据的变化和趋势，无法根据最新情况进行调整和应对。

土壤是农业生产的重要载体，而化肥、农药等农业投入品的使用以及农膜、煤渣等固体废弃物的处理都可能导致土壤污染。然而，由于土壤污染物的产出往往是一个渐进的过程，受到多种因素的影响，如土壤类型、气候、生物活动等，因此数据的收集和分析较为困难。此外，农民缺乏土壤污染测试的意识和技术，更加凸显了农田污染物产出数据不全的问题。

农业生产中使用的化肥、农药等投入品和畜禽粪便等废弃物可以被冲刷到水体中，导致水质污染。但水体污染物的产出受到水流、水温、水质等多种因素的影响，数据的收集和分析难度较大。此外，许多地区的污水处理设施不完善，导致污水直接排放到水体中，污染物的产出量更加难以估算。

农业生产中的灰尘、氨气等污染物可以通过空气传播，导致大气污染。但大气污染物的产出受到气象条件、气候变化等多种因素的影响，数据的收集和分析也非常困难。

因此，为了解决农田污染物产出数据不全的问题，需要加强对农田环境的监测和数据收集，建立完善的监测网络和信息化平台，提高数据的可信度和时效性。只有这样，才能有效地防控农田污染，保护农田环境的健康和可持续发展。

三、农村生活污水和垃圾处理现状不清

农村地区的生活污水和垃圾处理问题长期以来一直是困扰农村地区的严重难题。在许多农村地区，由于缺乏有效的污水处理设施和垃圾处理设施，污水和垃圾往往没有得到妥善处理，给农村环境和居民健康带来了严重的影响。而导致目前农村生活污水和垃圾处理现状不清的原因是多方面的，诸如处理设施不够完善、垃圾处理效率低下、处理能力差距大，以及重视程度不够等。

长期以来，农村垃圾处理主要采用堆肥、简单填埋或自然腐烂等方式，这种处理方式已经无法满足垃圾的分类要求。而目前农村地区的垃圾处理设施落后，缺乏专业人员和技术支持，导致垃圾处理效率低下。

不同地区之间在处理能力上存在很大的差异。经济发达地区，污水和垃圾处理水平高于其他地区。但是，农村地区在污水和垃圾处理方面的投入相对较少，处理能力相对不足，导致农村地区的污染问题得不到有效解决。

随着农村居民收入水平的提高，生活方式发生了改变，许多化学产品在农村普遍使用，这些化学物质难以降解，导致农村生活污水的排放量和污染不断增加，垃圾的产生量也在持续增加。这些难以降解的垃圾和化学物质极大地增加了污染物的处理难度。

对农村垃圾处理工作的重视不够，农村垃圾处理相关法律法规不健全，垃圾处理资金支持较少，这些都使农村垃圾处理进程缓慢，成为制约乡村建设的一大难题。

为了解决上述农村生活污水和垃圾处理存在的问题，需要政府加大对农村环保工作的投入和支持，完善垃圾处理设施，提高垃圾处理效率，加强对农村生活污水的监管和治理，推广环保型生活习惯，减少有害垃圾的产生。同时，还需要加强立法和监管力度，推进农村环境保护工作的整体提升，保障农村人民的生态环境和健康。只有通过政府的支持和农民的积极参与，采取综合措施，才能改善农村地区的环境卫生状况，保护农村居民的健康，促进可持续发展。

四、存量污染问题难以完全清楚

存量污染问题难以完全清楚也是农业面源污染现状底数不清中的一个不容忽视的问题。从农业污染指标的角度来讲，存量污染是指在一段时间内积累起来，随后对农业环境产生影响的污染物。相对应的，流量污染是仅对当前农业环境产生影响的污染物。虽然在短期内，像二氧化硫、悬浮物、氧化氮和一氧化碳等污染物可以被视为存量污染物，但从长期来看，它们更应该被视为流量污染物。城市垃圾和二氧化碳等污染物则是典型的存量污染物，因为它们在处理场所不断积累，而且需要很长时间才能被分解和消除。

与流量污染相比，存量污染的削减更为困难。这是因为，经济增长过程中，政府往往更注重流量污染的削减，而忽视了存量污染的问题，因此导致存量污染物一直在上升。虽然流量污染物的控制可以很快见效，但在解决存量污染问题方面，需要长期投入和持续的努力。存量污染的解决需要政府和社会各界共同参与，需要制定更加严格的环境保护法律法规，加大对环保技术研发和应用的支持力度，同时也需要大众的环保意识和环境保护行动。

然而，存量污染问题的解决难度仍然非常大。一方面，存量污染物的处理需要相当长的时间，而且成本也很高。另一方面，存量污染问题又与经济发展密不可分。许多工业和生产活动都会产生大量的污染物，这些污染物在长期积累后，会对环境产生重大影响。因此，在经济发展和环境保护之间需要寻求一个平衡点，既要保证经济的健康发展，又要防止存量污染问题进一步恶化。

对于存量污染问题难以完全清楚的现状，尽管政府和社会各界已经采取了一系列措施来解决存量污染问题，但这些措施需要长期投入和持续的努力。政府应该加大对环境保护的投入和支持力度，制定更加严格的环境保护法律法规，推广环保技术和环保理念。同时，社会各界也应该积极参与环保行动，共同营造一个良好的生态环境。只有这样，才能更好地解决农业环境面源污染中的存量污染问题。

第二节　农业面源污染法规和标准不完善

农业面源污染是指农业生产活动，如施用肥料、农药，养殖业排泄物等产生的污染物，通过雨水冲刷或地下水渗透等途径进入水体，对水体环境质量造成影响的一种非点源污染。关于农业面源污染的法规和标准，会因国家和地区的不同而有所差异。就国内各省来说，地方政府出台农业面源污染法规和标准，为土地资源保护和农产品安全提供了法律依据和技术指导。这些法规和标准既体现了国家防治农业面源污染的战略部署，也根据地方土壤环境和农作物生长特点，提出切实可行的防控措施。它们规范了农业生产中养分管理和废弃物处理、防止养分外流和地下水污染，保障了农田生态环境质量。同时，还明确了主要污染源的限值标准、有效监测和处罚违规行为，对治理工作提供了法律依据和操作指南，推动了农业面源污染治理的有效实施。

但在现实中，农业面源污染法规和标准不完善是农业面源污染治理普遍存在的主要问题之一，诸如相关法规不系统、政策支持力度和执行力度较弱、标准规范不科学、责任追究机制不健全等。

一、相关法规不系统

农业面源污染相关法规不系统会带来一系列问题。首先，缺乏系统的法规框架可能导致法律规范的碎片化和不一致性，使监管和执法过程缺乏统一性和协调性。这可能导致农业面源污染的管控和治理工作难以有效进行。其次，缺乏系统的法规可能存在法律漏洞和监管盲区。不同污染物、不同农业活动和不同地区的法规缺乏完整性和协调性，可能导致某些污染物或农业活动未得到充分监管和控制，从而增加环境和人类健康风险。此外，缺乏系统的法规可能无法提供明确的责任和义务，使利益相关者难以确定自己的职责和行为准则。这可能导致监管的不到位、农民的不合规行为以及监管机构的执法难度增加。因此，建立系统完善的农业面源污染相关法规框架对于有效的污染防治和可持续农业发展至关重要。针对农业面源污染，我国已经出台了一系列相关的法规，如《关于打好农业面源污染防治攻坚战的实施意见》《畜禽规模养殖污染防治条例》《农业面源污染治理与监督指导实施方案（试行)》《国家农业绿色发展先行区整建制全要素全链条推进农业面源污染综合防治实施方案》等，但目前仍然存在治理法规不完善、法规之间缺乏衔接和协调、一些地区的法规落后等相关法规不系统的问题。

在农业面源污染治理中，相关法规的完善程度和有效性直接关系到治理成效。目前，我国的农业面源污染治理法规主要集中在污染物排放标准、农药使用管理、畜禽养殖管理等方面，但缺乏针对不同区域和不同农业生产方式的治理方案。此外，农业面源污染治理法规的执行力度不够，监督和处罚机制也有待完善。

在农业生产过程中，涉及农药管理、土壤污染防治、畜禽养殖废弃物处理等多个方面，这些方面之间的联系和互动必须得到充分的考虑，才能实现农业面源污染治理的整体性和协同性。但实际情况是，现有法规之间缺乏衔接和协调，导致农业面源污染治理难以形成有机的整体性。

虽然中央政府已加大了对农业面源污染治理工作的支持和投入，但一些地方的法规仍然滞后，治理水平不高。法规落后将导致农业面源污染治理水平不均衡。这些地区的治理工作需要加强法规制定和执行力度，从而才能更好地推进农业面源污染治理工作。

二、政策支持力度和执行力度较弱

在农业面源污染治理工作中，政策支持力度对于引导农民和农业从业者在农业生产过程中采取环保措施、减少污染物排放具有重要影响；高度的执行力度可以促使农业从业者主动履行环保责任，推动农业面源污染治理工作的落地实施。总的来说，政策支持力度和执行力度的提升是农业面源污染治理工作取得成效的关键，有助于推动农业可持续发展，保护农田生态环境和人民健康。但是，政策支持力度和执行力度较弱是当前农业面源污染治理工作面临的一个主要问题，也是影响农业面源污染治理效果的主要障碍之一。

在农业面源污染治理领域，政策的明确程度和有效性直接关系到治理成效。但目前我国的相关政策还存在许多不明确的问题，如对农业面源污染治理的具体要求不够明确、政策执行的标准和指标不够清晰等。这些问题导致农业面源污染治理工作难以得到有效的政策支持，也影响了治理工作的开展。

虽然我国出台了一系列的农业面源污染治理政策，但在实际执行过程中，政策的落实情况却不尽如人意。一些地方在农业面源污染治理方面缺乏足够的政策支持和投入，导致治理工作难以开展。此外，一些企业也存在违法排污等问题，但由于政府部门的执法力度不够，导致治理工作难以得到有效的推进。

农业面源污染治理涉及多个部门和利益相关方的协作，但协调不到位也是政策支持力度和执行力度较弱的一个原因。一些地方政府部门对农业面源污染治理工作的重视程度不够，导致相关政策落实不到位。此外，有些机构在农业面源污染治理工作中存在违法行为。

针对上述问题，需要加强对农业面源污染治理工作的政策支持和投入，同时加强政策的明确性和有效性，提高政策执行力度和执法力度，推进农业面源污染治理工作的进一步提升，保障农村环境的健康和可持续发展。

三、标准规范不科学

通过制定和实施相关的标准规范，可以为农业面源污染治理提供科学、规范的指导和标准，统一和规范农业生产和农田管理的行为。这些标准规范可以涵盖农药使用、化肥施用、农田灌溉、养殖废弃物处理等方面的要求，明确限制和指导农业活动中的污染物排放和污染防控措施。标准规范的制定可以基于科学研究和实践经验，结合环保、农业、卫生等相关领域的要求，确保农业面源污染治理的可行性和有效性。此外，标准规范还有助于加强监督和检测，通过对农田和农产品的质量监控，确保农业生产的安全和可持续性。标准规范的实施需要相关部门、农民和农业从业者的共同努力，提高他们的环保意识和技术水平，推动农业生产方式的转型升级，实现农业的可持续发展和生态环境的改善。但是，标准规范不科学是农业面源污染治理中存在的一个主要问题。具体来说，这个问题主要体现在相关标准规范的制定缺乏科学性、现有标准规范之间缺乏协调和衔接，以及些标准规范存在缺陷等几个方面。

农业面源污染治理过程中相关标准规范的科学性和严谨性是治理成效的重要保障。但目前一些标准规范的制定缺乏科学性，无法充分反映实际情况。例如，一些化肥使用标准和废水排放标准制定不够科学，无法准确反映土壤和水质的污染状况，难以指导实际生产中的化肥使用和废水排放。

生产过程涉及化肥使用、农药使用、畜禽养殖废弃物处理等多个方面，这些方面须充分考虑，但是现有标准规范之间缺乏协调和衔接，导致治理工作难以形成有机的整体性。

一些现有的标准规范，如化肥使用标准和排放标准，存在缺陷，无法有效地指导农业面源污染治理工作。例如，化肥使用标准实际上是以农作物产量为主要指标，而不是以土壤肥力和环境污染为主要考虑因素，导致化肥使用过量。

针对上述问题，同样需要加强标准规范的制定工作，提高标准规范的科学性和严谨性，加强标准规范之间的协调和衔接，同时加强标准规范的执行和监督力度，推进农业面源污染治理工作的整体提升。

四、责任追究机制不健全

责任追究机制不健全是农业面源污染治理中存在的一个主要问题，以至于给农业面源污染治理带来了严重的危害和负面影响，诸如缺乏威慑、推卸责任、逃避监管、局部保护主义等问题。责任追究机制不健全的主要表现是责任主体划分不明确、责任追究机制不健全和责任追究的力度不够。

农业面源污染治理涉及多个责任主体，如农民、农业企业、政府等。但目前责任主体划分不明确，导致责任难以落实，责任主体之间的合作和协调难以开展。例如，一些农业企业在生产过程中存在污染环境的问题，但责任落实不到位，难以得到有效的治理。

责任追究机制是保障农业面源污染治理工作有效推进的重要保障，但目前责任追究机制不健全，责任主体之间缺乏有效的协调和配合，导致责任难以落实，责任追究难以得到有效的实施。例如，一些农业企业在生产过程中存在违法行为，但难以得到有效的处罚和追究。

在农业面源污染治理中，责任追究的力度和效果关系到治理成效的实际效果。但目前责任追究的力度不够，责任主体之间缺乏有效的配合和协调，导致责任难以得到有效的追究和落实。例如，一些农业企业在治理工作中存在违法行为，再加上政府部门的执法力度不够，导致责任难以得到有效的追究和处罚。

对于上述存在的问题，只有加强责任主体的划分和落实，健全责任追究机制，加强责任追究的力度和效果，才能推进农业面源污染治理工作的整体提升，从而保障农村环境的健康和可持续发展。

第三节 农业面源污染治理理念和方法不科学

正确把握农业面源污染治理理念和方法，对改善我国环境质量及保障人民健康有重要意义。一方面，需要由点到面，立足源头治理，强调以工程技术为主导的治污方式。通过设施设计和技术手段优化养分使用效率，降低污染风险。另一方面，还要推广绿色耕作模式，注重以生态制约为导向的非技术性治理，培育养生土壤、优化作物结构、推动农业与生态协同发展。同时，还要强调治理主体责任，充分发挥污染治理主体的作用。只有形成源头管理与行为引导相结合的综合治理新理念，才能实现农业面源长效防控。

在农业面源污染治理的过程中，理念和方法不科学的问题不容忽视。这个问题主要体现在治理理念传统、环保意识欠缺、治理手段单一以及治理方法简单等方面。这些问题导致农业面源污染治理工作难以得到有效的推进和实施，同时也限制了治理工作的成效。

一、治理理念传统

在农业面源污染治理中，如果治理理念太传统，将导致治理工作难以得到有效的推进和实施。传统的治理理念主要包括“污染者付费”和“末端治理”。这些理念主要强调的是污染治理的后续处理，而忽视了污染治理的源头控制和预防。

传统的“污染者付费”理念主要强调的是污染者应该承担治理成本，但这种理念并没有有效地促进污染源头的控制和预防，无法解决污染问题的根本性问题。“末端治理”理念主要强调的是对污染进行后续处理，而忽视了污染源头的控制和治理，导致治理工作缺乏整体性和协同性，无法实现污染治理的全面提升。

为了解决这个问题，需要加强对农业面源污染治理理念和方法的研究和探索，推动治理工作向更加科学、全面和协同的方向发展。具体来说，需要采用源头控制和预防的治理理念，加强农业生产过程中的污染源头控制，实现污染治理的全过程管理。同时，需要引入先进的技术手段和管理模式，提高治理工作的科学性和可行性，推动农业面源污染治理工作的整体提升和可持续发展。

二、环保意识欠缺

环保意识是指个人或群体对环境问题的认知、关注和价值观念，以及对环境保护行动的主动性和责任感。环保意识的重要性在于引导人们关注环境保护、推动可持续发展、促进健康与安全、推动全球合作，并通过教育和意识传播形成社会共识和行动。只有提升环保意识，才能促使人们共同努力保护地球环境，保障人类的可持续发展和福祉。环保意识欠缺主要表现为农民、农业企业和政府部门对环保意识的缺乏，导致治理工作难以得到有效的推进和实施。

具体来说，由于农村地区的经济水平相对较低，农民和农业企业在生产过程中往往更加注重经济效益，而忽略了环保问题。此外，政府部门在农业面源污染治理中也存在环保意识欠缺的问题。

为了解决上述问题，需要加强环保知识的普及和宣传。要通过多种途径，如宣传教育、媒体宣传和社会组织参与等方式，加强对环保知识的普及和宣传，提高农民、农业企业和政府部门对环保问题的认识和重视程度。同时，需要加强法律法规和政策的制定和执行，建立健全的环境保护法律法规和政策体系，加大对环境违法行为的打击力度，形成有效的惩罚机制，从而推动农业面源污染治理工作向更加科学、全面和协同的方向发展。

三、治理手段单一

农业面源污染治理手段是指用于减少或防止农业活动导致面源污染的各种措施和方法。这些措施和方法的实施可以减少农业活动对水体、土壤和大气环境的污染，促进农业的可持续发展，保护生态环境和人民健康。治理手段单一的现实问题，主要表现为缺乏多样化的治理手段和技术手段，以至于治理工作难以得到有效的推进和实施。

当前，农业面源污染治理的主要手段是末端治理，即采用污染物净化、处理和转化等技术手段来处理已经排放的污染物。但这种手段只能针对已经排放的污染物进行处理，无法从源头上控制农业面源污染的产生。同时，这种手段具有工艺复杂、成本高昂、能耗大等缺点，难以大规模推广和应用。

因此，需要加强对治理手段的研究和探索，推广和应用新型的治理技术和手段。可采用源头控制和预防的治理手段，如推广绿色农业技术、加强农业生产过程中的管理和监管、开展农业面源污染防治技术研究等。此外，可以采用生态修复、生态保护等手段，促进土地生态系统的恢复和升级，从而实现农业面源污染的源头治理和全过程控制。

四、治理方法简单

农业面源污染主要涉及农田养分、农药和农业废弃物等污染物的流失和排放，其治理方法是指用于减少或防止农业活动引起面源污染的各种措施和技术。治理方法对于保护水资源、土壤资源和生态环境，促进可持续农业发展，以及保障人类健康具有重要意义。这些方法的应用有助于减少农业活动对环境的负面影响，实现农业与环境的协调发展。治理方法简单的问题主要表现为治理方法单一、缺乏系统性和科学性。

当前，农业面源污染治理的主要方法包括政策法规、行政管理和技术手段等。但这些方法存在着各自的局限性，无法形成协同效应，难以实现治理工作的系统化和科学化。此外，这些方法往往是单一的、分散的，缺乏整体性，难以实现治理工作的全面提升。

为了解决治理方法简单这个问题，应采用多种治理方法和手段，如政策法规、行政管理、技术手段、市场机制和社会参与等，形成协同效应，实现治理工作的整体性和协同性。同时，需要建立健全的治理体系和机制，加强部门之间的协作和沟通，形成共治、共建、共享的治理模式，从而推动农业面源污染治理工作的全面提升和可持续发展。

第四节　农业面源污染治理管控成效不显著

农业面源污染治理管控成效不显著，将使环境污染问题无法得到有效控制，导致土壤、水体和空气的污染程度持续恶化，对生态系统和生物多样性造成威胁。这可能导致生态环境退化、生物资源减少以及生态平衡被破坏。同时，农业面源污染物如农药残留物和化肥流失可能进入食物链，对人体健康产生潜在危害。水体和空气中的污染物也可能通过饮用水和呼吸对人类健康造成直接或间接影响，增加慢性病和健康问题的发生率。此外还可能导致农业可持续发展的困境。大量农药和化肥的使用、土壤侵蚀和废弃物处理不当等问题可能导致农田质量下降，农作物产量减少，农业生态系统受损，给农业生产和农民的经济效益带来负面影响。农业面源污染治理不显著主要是因为重点污染源管控不力、污染转移和二次污染增多、治理资金投入不足以及检测监测机制不完善。这些问题相互关联，需要综合考虑，从源头上控制农业面源污染。

一、重点污染源管控不力

重点污染源管控不力的问题主要表现为政府部门对重点污染源的监管和治理不足。农业面源污染的重点污染源主要包括养殖业、农药农化品使用、化肥使用等。但这些重点污染源在实际治理工作中存在监管不到位、治理不力的问题。例如，在养殖业中，存在着规模化养殖、散养混杂等问题，导致粪污排放难以得到有效控制；在农药农化品使用和化肥使用中，存在着过量使用、不当使用等问题，导致农业面源污染难以得到有效的治理和控制。

因此，需要加强政府部门对重点污染源的监管和治理，完善相关的政策法规和标准，提高治理工作的科学性和有效性。具体来说，需要加强对养殖业、农药农化品使用、化肥使用等重点污染源的监管和治理，加强源头控制，推广绿色农业技术，鼓励农民使用生态友好型农业生产方式，从源头上控制农业面源污染的产生。同时，需要建立健全的监测评估机制，对重点污染源进行定期监测和评估，及时发现和解决问题，这样才能推动农业面源污染治理工作向更加科学、全面和协同的方向发展。

二、污染转移和二次污染物增多

污染转移的常见情况是将工业污染物排放源从城市转移到农村地区或其他地方，以减少城市的环境污染。虽然在城市减排方面取得了一定的成效，但却在其他区域或环境中导致了新的污染问题。在这种情况下，污染物的总量并没有减少，而是发生了转移。

二次污染物增多是指在污染治理过程中，由于采取的治理措施或处理方法本身导致新的污染物生成或原有污染物转化为更有害的物质，从而使污染物的影响范围和程度进一步扩大。举例来说，某些废水处理方法可能会产生副产物或产生有毒物质，从而导致原本较少的污染物形成了更多的污染物，或者转化为更具毒性的化合物，增加了环境和人体的风险。

污染转移和二次污染增多问题主要表现为在治理过程中，部分污染被转移至其他地区，或者在治理过程中出现了二次污染。

农业面源污染的治理往往需要采用一些技术手段，如生物处理、化学处理等，但这些技术手段存在着一定的局限性。例如，在生物处理中，污染物会被转化为其他物质，但这些物质可能会对环境和生态系统造成一定的影响；在化学处理中，可能会产生二次污染物，对治理效果造成影响。

为解决这个问题，可采用生态修复、生态保护等手段，促进土地生态系统的恢复和升级；推广绿色农业技术，加强农业生产过程中的管理和监管，减少污染物的排放；加强科研和技术创新，研发出更加高效、安全、环保的治理技术和手段。此外，还需要加强宣传教育，提高政府部门和社会公众的环保意识和法治意识，形成全社会共同参与治理的良好氛围。

三、治理资金投入不足

资金投入可以支持技术研发和推广、基础设施建设、农民培训和教育、监测和评估，以及提供经济激励措施。这些资金投入将有助于推动农业面源污染治理工作的开展，促进农业可持续发展，保护环境和人类健康。同时，政府、农业部门和国际组织等各方应共同努力，提供资金支持，并建立合理的资金管理和监督机制，确保资金的有效利用和治理工作的可持续性。但是，由于农业面源污染治理是一项长期、艰巨、复杂的工作，需要大量的资金投入，受限于多种原因，如财政预算不足、农户意愿不强等，当前的治理资金投入存在明显不足的情况。

由于农业面源污染治理需要大量的资金投入，而政府财政预算有限，导致治理资金投入不足，制约了农业面源污染治理工作的推进和实施。缺乏足够的财政支持限制了政府在监测、调查和评估农业面源污染问题上的能力，导致政府对农业面源污染缺乏全面的了解和有效的数据支持，难以制定科学有效的治理策略。同时，也限制了农民参与农业环境保护的能力，例如缺乏资金进行可持续农业实践的培训和推广，无法采用更环保的农业技术和设备，从而难以改善农业面源污染现状。另外，也将影响农业面源污染治理项目的推进和实施，无法提供充足的资金支持用于建设和维护农业废水处理设施、农田水利设施等，从而影响治理效果和长期可持续性。

缺乏农户的积极参与和意愿意味着缺乏他们的合作和支持，这可能导致治理措施的实施不力。农户可能不愿意采取环保措施或改变他们的农业实践，如减少化肥和农药的使用、优化土壤管理等，从而难以减少农业面源污染的排放。同时，也会导致合作和协调缺乏，无法形成集体行动，从而共同解决污染问题。这将阻碍农户之间的信息共享、技术交流和资源整合，限制了治理效果的提升。此外，农户意愿不强还可能导致监督和执法缺乏有效性，使违规行为难以得到有效遏制和惩罚，进一步加剧农业面源污染的问题。

鉴于此，可以通过完善政策法规和标准，鼓励农户使用生态友好型农业生产方式，提高农户治理意愿；加大政府财政预算投入，增强政府对农业面源污染治理的支持力度；推动多方合作，促进社会资本的投入和使用，实现治理资金的多元化和可持续发展。此外，还需要建立健全的治理资金使用和监管机制，确保治理资金的有效使用和管理，避免资金浪费和滥用，提高资金使用的效益和效果。

四、检测监测机制不完善

检测监测机制对于农业面源污染治理至关重要。它有助于了解污染情况、评估治理效果、进行预警应急、促进透明与问责，以及支持科学研究和国际交流。因此，建立健全的监测机制是有效治理农业面源污染的必要措施之一。农业面源污染具有复杂性、隐蔽性和时空变异性，需要通过科学、全面、有效的检测监测来进行污染源排查和评估。但由于多种原因，包括技术手段不足、监测网络不完善等，当前的检测监测机制存在明显不足的情况。

由于农业面源污染具有多样性、复杂性和隐蔽性，需要采用多种先进的技术手段进行监测和评估，但当前的技术手段和设备存在滞后、单一和不完善等问题，制约了检测监测工作的开展和推进。缺乏先进的技术手段限制了对污染物的准确监测和识别能力，难以及时发现和定量评估污染源的排放情况。这导致了监测数据的不准确和缺失，阻碍了对污染程度和趋势的全面了解，从而难以制定有效的治理措施。技术手段不足也将可能导致监测设备和仪器的质量和性能欠佳，影响监测结果的可靠性和可比性。这为污染物排放的精确测量和监测带来了困难，限制了治理措施的科学性和可操作性。同时还可能导致监测网络和覆盖范围的不完善，无法实现对广泛区域和不同类型污染源的全面监测，使一些潜在的污染问题被忽视或延误处理。

由于农业面源污染具有时空变异性，需要建立完善的监测网络来进行实时、动态的监测和评估，但当前的监测网络存在不足和不完善的情况，无法满足检测监测工作的要求。一方面，监测站点的分布密度不足或布局不合理，导致一些地区或特定类型的污染源未能被充分监测，难以获取全面准确的污染数据，从而影响对环境污染状况的全面了解和评估。另一方面，将限制对污染源活动的及时监管和响应能力，影响治理措施的及时性和针对性。

针对上述情况，要加强对农业面源污染的研究和探索，开发适用于不同污染类型和地域特征的检测监测技术和手段；加强监测网络建设，完善监测站点分布和监测参数设置，提高监测网络的覆盖面和密度。同时，还需要建立健全的监测评估体系，加强对监测数据的分析和研究，及时发现问题并解决问题，推动检测监测工作向更加科学、全面和协同的方向发展。

第五节　农业面源污染治理问题解决方案探讨

上述分析的农业面源污染治理中面临的各种问题，需要政府、农民、科研机构和社会各界的共同参与和努力。政府应制定相关政策和法规，加强监管和执法力度，提供资金支持和技术指导。农民应积极采纳和应用环保型农业技术，改变传统的农业生产方式，加强自身环保意识和责任意识。科研机构应加强科研和技术创新，提供科学依据和技术支持。社会各界可以通过宣传教育、参与监督等方式，共同推动农业面源污染治理工作的开展。只有全社会积极参与，共同发力，才能实现农业可持续发展和生态文明建设的目标。

一、推进清洁生产

推进清洁生产是指通过技术、管理和制度手段，减少或消除生产过程中的污染物排放和资源浪费，以实现经济、社会和环境的可持续发展。在农业领域，推进清洁生产可以有效地减少面源污染的产生，缓解环境压力，提高农业可持续发展水平。

（一）优化农业生产过程

优化农业生产过程是推进清洁生产的重要途径之一，其核心是通过改良种植、养殖技术、优化施肥和耕作方式等手段，减少农业生产过程中的污染物排放和资源浪费，从而实现经济、社会和环境的可持续发展。在优化农业生产过程方面，需要采用有机农业技术，推广秸秆还田、绿肥覆盖等生态耕作方式，改进畜禽养殖环境，推广精准施肥技术，引入现代化农业技术，同时也需要多方参与。

有机农业技术是一种以生态学为基础，以优化农业生产方式和保护环境为目标的农业生产模式。相比传统农业技术，有机农业技术更加注重土壤保护、生态平衡和生物多样性。通过采用有机肥料、生物防治、轮作和间作等技术手段，减少化肥和农药的使用，降低土壤污染风险。

秸秆还田是指将秸秆还回田间，用于改善土壤质量、增加土壤有机质含量和提高土壤肥力；绿肥覆盖是指在农田未种植期间，种植一些具有保护作用的绿色植物，以减少土壤水分蒸发和保护土壤生态环境。这些生态耕作方式可以减少农业生产过程中的化肥和农药使用，降低土壤和水体污染风险，提高农业生产的可持续性。

畜禽养殖是农业生产过程中的重要环节，但同时也是面源污染的主要来源之一。改进畜禽养殖环境，可以有效地减少污染物的排放。例如，可以加强饲养舍的通风、卫生和消毒管理，降低畜禽粪便的排放浓度和数量，减少氨气和甲烷等有害气体的排放。

精准施肥技术是指通过对农田土壤、植物和气象等因素的分析，确定最佳的施肥方案，以达到最优的农业生产效果。相比传统的施肥方式，精准施肥技术可以减少施肥量，避免过度施肥和施肥不足的情况，从而减少化肥的使用，减少或避免土壤污染的风险。

现代化农业技术，如智能化农业、精准农业、生态农业等，可以通过提高农业生产的自动化、智能化和精准化水平，减少不必要的人工干预和资源浪费。例如，采用无人机、传感器等技术，实现农田的智能监控和精准施肥、浇水等操作，可以提高农业生产效率和质量，减少资源浪费和环境污染。

推进清洁生产需要政府、企业和社会各界共同参与，加强合作，共同推动清洁生产的实施和推广。政府应出台相应的政策法规，建立健全的标准体系和监管机制，鼓励和引导企业采用清洁生产技术和管理模式。企业可以加强技术研发和创新，提高环保意识和责任意识，积极推进清洁生产。社会各界可以加强环保宣传和教育，提高公众环保意识，推动清洁生产的普及和推广。

（二）加强农业废弃物处理和利用

农业生产过程中产生的废弃物，如畜禽粪便、农作物秸秆等，如果处理不当，容易导致水体和土壤污染。推进清洁生产需要加强废弃物的处理和利用，例如，可以采用生物发酵技术将畜禽粪便转化为有机肥料，或者将农作物秸秆用于生物质能源开发，减少废弃物对环境的负面影响。为此，利用生物发酵技术，推广农作物秸秆利用，推广畜禽粪便处理和利用，以及果皮、鱼虾残骸等废弃物的利用，是可行的实施途径和方法。

生物发酵技术是将有机废弃物放入容器中，在适宜的条件下，利用微生物的代谢作用，将有机废弃物转化为肥料或沼气的技术。例如，可以将畜禽粪便、农作物秸秆等有机废弃物用于生物发酵，生产有机肥料或沼气。这种技术可以有效地减少废弃物对环境的污染，同时还可以提高废弃物的资源利用效率。

农作物秸秆是农业生产过程中产生的重要废弃物之一。如果处理不当，秸秆会对土壤和水体造成严重的污染。因此，利用农作物秸秆是推进清洁生产的重要途径之一。可以将秸秆用于生物质能源开发，如生产生物燃料、生物电力等。同时，还可以将秸秆用于生产有机肥料，或者直接将秸秆还田，改善土壤质量和增加土壤有机质含量。

畜禽粪便是农业生产过程中产生的重要废弃物之一。如果处理不好，粪便会对土壤和水体造成严重的污染。因此，加强畜禽粪便的处理和利用是推进清洁生产的重要途径之一。比如可以将畜禽粪便用于生产沼气，用于能源生产和家庭烹饪等方面。

果皮、鱼虾残骸等废弃物也是农业生产过程中产生的重要废弃物之一。

这些废弃物可以用于生产有机肥料，或者用于生产动物饲料、生物燃料等方面。同时，还可以将这些废弃物用于生态环境修复，例如用果皮和鱼虾残骸来制作生态混凝土等。

（三）实施节能减排措施

农业领域实施节能减排措施可以有效地降低能源消耗和排放量，减少环境污染，同时也可以促进农村经济的可持续发展。为此，需要推广清洁能源，加强能源管理，宣传低碳生产方式，培养节能减排意识。

清洁能源是指能够减少温室气体排放的能源，如太阳能、风能、水能等。政府应鼓励企业和个人采用清洁能源，如给予税收优惠或补贴等。

加强能源管理是实施节能减排措施的重要途径之一。农业企业可以通过改善生产和管理模式，采用先进的节能技术和设备，降低能源消耗和排放量。政府应鼓励企业加强能源管理，如进行能源审计、能源管理体系认证等。

低碳生产方式是指在生产过程中尽量减少温室气体排放的生产方式。例如，采用可再生能源代替传统能源、推广循环经济模式等。这方面特别需要政府出台相关政策和法规，鼓励企业采用低碳生产方式。

培养节能减排意识是实施节能减排措施的重要途径之一。政府可通过教育、宣传等方式，提高公众对于节能减排的认识和意识。同时，农业企业也可以通过内部培训和宣传，提高员工对于节能减排的意识和行动。

（四）强化管理和监管

环境保护、资源利用和经济发展之间的关系密切，合理的管理和监督可以避免环境污染和资源浪费，促进经济可持续发展和社会和谐。为此，政府需要建立环境监测体系，加强环境管理和监督，建立资源利用监管机制，建立风险评估机制，建立信息公开机制。

在环境监测体系方面，应建立环境监测站点，监测大气、水、土壤等环境指标的变化。通过建立环境监测体系，及时掌握环境质量状况，采取相应的管理和监督措施。

在环境管理和监督方面，应加强环境保护的监督和管理。同时，农业企业也应该加强环境保护的自我管理，采取相应的环境保护措施，确保生产过程中不会对环境造成污染。监督部门可以对企业的环境保护情况进行监督和检查，发现问题及时采取措施。

在资源利用监管方面，应加强资源利用的监管和管理。同时，农业企业也应该加强自我管理，采取相应的资源利用措施，确保在资源利用过程中不会对环境造成污染。

在风险评估方面，应对可能造成环境污染和危害的企业和项目进行风险评估，制定相应的管理和监督措施。同时，农业企业也应该对自身的环境风险进行评估，确保生产过程中不会对环境造成污染和危害。

在信息公开方面，政府和农业企业可以将相关的环境信息和资源利用信息公开，让公众了解环境和资源利用的情况。通过信息公开，促进公众对环境保护和资源利用的参与和监督，从而形成压力机制，推动环境保护和资源利用的改善。

二、加强农村生活污水和垃圾治理

加强农村生活污水和垃圾治理是农业面源污染治理的重要组成部分。农村地区的生活污水和垃圾治理可以有效改善农村环境质量，保护水资源和土壤资源的安全。合理处理生活污水可以防止其直接排放到水体中，减少水体污染，保障饮用水安全和水生态系统的健康。垃圾治理则能够减少垃圾对土地的占用和污染，避免土地资源的浪费和环境的恶化，有助于提升农民的生活品质和健康水平。适当处理生活污水可以减少疾病的传播和卫生问题的发生，改善农民的生活环境和居住条件。垃圾治理可以避免垃圾带来的异味、蚊蝇滋生等问题，同时也有利于资源回收和循环利用，为农村创造经济收益和就业机会。此外，合理处理生活污水和垃圾能够促进农业生产的可持续性，提高农田的肥力和土壤质量，有利于农作物的生长和农业生态系统的健康。同时，规范的污水和垃圾管理也有助于改善农村形象，提升旅游业和乡村经济的发展潜力。因此，加强农村生活污水和垃圾治理刻不容缓。

（一）建设污水处理设施

建设污水处理设施是加强农村生活污水治理的重要途径之一。在农村地区，由于经济发展水平相对较低，一些地方缺乏规范的污水处理设施，导致生活污水无法得到有效处理，直接排放到河流、湖泊等水体中，引起了严重的水污染问题，危害了当地居民的健康和生活质量。因此，建设污水处理设施，特别是规模较小、投资较少的农村污水处理设施，对于解决农村生活污水问题具有重要的意义。为此，建议政府制定相关政策和法规，加强技术指导和培训，推行 PPP 模式，提高居民参与度，推广先进技术和设备。

政策和法规是推动污水处理设施建设的重要手段。政府可以通过出台相关的政策和法规，鼓励和支持农村地区建设污水处理设施，如设立资金支持机制、调整相关税费政策等，来吸引社会资本和民间投资，促进污水处理设施的建设。在技术指导和培训方面，政府可以向农村居民提供相关的技术指导和培训，提高居民的技术水平和意识，同时也可以加强对污水处理设施的技术支持和服务，保障设施的正常运行。PPP 模式是一种公共私人合作的模式，是一种基于政府和私营部门之间合作的经济合作模式，可以有效地吸引社会资本和民间投资。政府可以通过 PPP 模式，引导和支持民间资本参与污水处理设施的建设和运营，提高设施的建设质量和效率。居民的参与度是推动污水处理设施建设的重要保障。政府可以通过加强宣传和教育，提高居民的环保意识和参与度，增强居民对污水处理设施建设的支持和参与，从而促进设施的建设和运营。推广先进的污水处理技术和设备是提高污水处理设施建设质量和效率的重要途径。政府可以向农村地区推广先进的污水处理技术和设备，提高设施的处理能力和效率，同时也可以通过技术引进和合作，提高当地污水处理技术和设备的水平。

（二）采用生态环保型厕所

传统的粪池式厕所和露天粪便会导致严重的环境污染和卫生问题。因此，采用生态环保型厕所是加强农村生活污水治理的重要途径之一。政府可以出台相关的政策和法规，鼓励和支持农村地区采用生态环保型厕所，同时也可以向当地居民提供相关的技术指导和财政补贴。具体来说，应制定政策和法规，充分发挥技术指导和培训的作用，提高居民的参与度，推广先进技术和设备。

制定政策和法规，有助于开展环保型厕所建设项目、设立资金支持机制等，促进生态环保型厕所的建设。技术指导和培训，可以加强对生态环保型厕所的技术支持和服务，保障设施的正常使用和维护。为了提高居民参与度，政府要想方设法增强居民对生态环保型厕所建设的支持和参与，从而促进设施的建设和使用。在推广先进技术和设备方面，政府可以向农村地区推广先进的生态环保型厕所技术和设备，提高设施的使用效率和环保性能，同时也可通过技术引进和合作的方式，提高当地生态环保型厕所技术和设备的水平。另外也可以推行 PPP 模式，该模式可以促进生态环保型厕所的建设。

（三）加强农村垃圾分类和处理

农村地区的垃圾处理通常采用的是简单填埋和焚烧等传统方式，容易造成环境污染和资源浪费。因此，加强农村垃圾分类和处理是农村垃圾治理的重要途径之一。为此，应在政策和法规、宣传和教育、建立垃圾分类和处理体系、推行垃圾减量化、建设垃圾分类和处理设施等方面下功夫。

在政策和法规方面，政府通过鼓励和支持农村地区开展垃圾分类和处理，如制定垃圾分类标准、设立垃圾分类奖励机制等，激发居民的积极性和参与度。在宣传和教育方面，通过加强这方面的工作，提高居民的环保意识和垃圾分类知识，增强居民对垃圾分类和处理的支持和参与，从而促进垃圾分类和处理的普及和推广。在垃圾分类和处理方面，政府可以在农村地区建立完整的垃圾分类和处理体系，包括分类收集、分类运输、分类处理等环节，提高垃圾分类和处理的效率和质量。在垃圾减量化方面，政府可以通过推行垃圾减量化措施，如鼓励居民使用环保袋、减少食品浪费等，减少垃圾的产生量，从而降低垃圾处理的难度和成本。在垃圾分类和处理设施方面，政府可以在农村地区建设垃圾分类和处理设施，如厨余垃圾处理设施、可回收物回收站等，提高垃圾分类和处理的效率和质量，同时也可以促进循环经济的发展。

（四）推广垃圾减量和资源化利用

传统的垃圾处理方式往往会导致严重的环境污染和资源浪费，而推广垃圾减量和资源化处理可以有效地减少垃圾的产生量和危害，同时也可以提高资源的利用效率，促进循环经济的发展。具体来说，政府应制定相关的政策和法规，加强宣传和教育，建立垃圾减量和资源化处理体系，推广垃圾资源化处理技术。

相关政策和法规的制定，应包括制定废弃物管理条例、设立废弃物减量化和资源化处理奖励机制等，从而激发企业和居民的积极性和参与度。在宣传和教育方面，提高公众的环保意识和垃圾减量和资源化处理知识，增强公众对垃圾减量和资源化处理的支持和参与，从而促进垃圾减量和资源化处理的普及和推广。在垃圾减量和资源化处理方面，可在城市地区建立完整的垃圾减量和资源化处理体系，包括垃圾分类、垃圾回收、垃圾处理等环节，提高垃圾减量和资源化处理的效率和质量。在推广垃圾资源化处理技术方面，可向企业和居民推广先进的垃圾资源化处理技术，如生物处理技术、焚烧处理技术等，提高垃圾处理的效率和质量。

（五）建立健全相关体系和机制

建立健全相关体系和机制主要包括建立环境监测和评估体系、建立环保奖励机制，以及加强环保法律法规的宣传和执行、建立环保志愿者服务队伍等。

建立环境监测和评估体系，政府需要在农村地区建立环境监测和评估体系，对农村环境进行实时监测和评估，及时发布环境质量信息，提高农民对环境质量的关注和认知。建立环保奖励机制，政府可设立环保奖励机制，对表现突出的农民或农村环保组织进行奖励，激励农民参与环保活动，提高农民的环保意识和环保行为。加强环保法律法规的宣传和执行，政府要加强环保法律法规的宣传和普及，提高农民对环保法律法规的认知和遵守意识，同时也可以加强执法力度，打击环境违法行为，维护环境安全和生态平衡。建立环保志愿者服务队伍，政府要组建环保志愿者服务队伍，向农民普及环保知识，开展环保宣传教育和环保行动，同时也可以带动农民积极参与环保活动。

三、实施土壤修复和水体综合治理

实施土壤修复和水体综合治理是解决农业面源污染的重要手段之一。农业面源污染是指农业生产过程中，由于施肥、农药、畜禽粪便等因素导致的水体和土壤污染。实施土壤修复和水体综合治理可以恢复受污染土壤的生态功能，提升土壤质量和农田肥力，促进农作物生长和农业可持续发展。通过有效的土壤修复，可以减少土壤中有害物质对农产品和生态环境的潜在风险，保障食品安全和生态健康。综合治理对于保护水资源、维护生态平衡和提供清洁饮用水具有重要意义。水体综合治理包括水源保护、水质改善、水生态修复等方面，能够减少污染物的输入和扩散，提高水体的自净能力，恢复水生态系统的健康状态。这不仅有助于保护水生态系统的完整性和生物多样性，也为人们提供了可靠的饮用水和生活用水资源。此外，土壤修复和水体综合治理还对于可持续城乡发展至关重要。良好的土壤和水体质量是城乡协调发展的基础，对于农业生产、工业发展、城市建设等都具有重要支撑作用。通过修复受损土壤和综合治理水体，可以提升城乡环境质量，改善居民生活条件，促进经济可持续发展和社会进步。

（一）实施土壤修复

土壤修复是指对受到污染的土壤进行治理和修复，恢复其生态功能和土壤质量。实施土壤修复可以有效地改善土壤污染状况，恢复土壤生态功能和土壤质量。具体的实施方法包括生物修复、物理修复和化学修复等。

生物修复是利用微生物、植物等生物体对土壤中的有害物质进行分解、降解或转化，将有害物质转化为无害或低毒物质，从而达到修复土壤的目的。生物修复具有修复效果好、成本低、对环境影响小等优点。土壤修复中常见的生物修复方法包括菌种增殖、植物修复和土壤改良等。物理修复主要是通过物理方法对土壤进行处理，改善土壤结构和质量，降低土壤污染程度。物理修复具有修复效果明显、适用范围广等优点。土壤修复中常见的物理修复方法包括土壤通风、水分调节、土壤改良等。化学修复主要是通过添加化学药剂等方法，将土壤中的有害物质转化为无害或低毒物质。化学修复具有修复效果明显、作用快等优点。土壤修复中常见的化学修复方法包括化学还原、化学氧化、化学沉淀等。

实施土壤修复需要考虑不同的修复方法和修复技术的适用性和效果，以及修复成本和效益等因素。此外，应注意土壤修复过程中的环保问题，避免二次污染：要根据不同的土壤污染类型和程度，选择最合适的修复方法和技术；要对土壤修复过程进行监测和管理，及时发现和处理修复过程中的问题，避免二次污染；要建立完善的法律法规和政策体系，保障土壤修复工作的顺利实施，加强对土壤污染治理和修复的执法和监管；要加强宣传和教育，提高公众对土壤污染和土壤修复的认识和理解，促进公众对土壤修复工作的支持和参与度。

（二）实施水体综合治理

水体污染是指水体中存在的有害物质超过一定的浓度或数量，导致水质降低，对生态环境和人类健康产生威胁。水体综合治理是指对受到污染的水体进行全面治理和修复，恢复其水质和生态功能。具体的实施方法包括生态工程、生物处理、化学处理和物理处理等。

生态工程主要是通过修建湿地、河流生态带等生态系统，实现水体的自然净化和生态修复。水体综合治理中常见的生态工程方法包括湿地建设、河流生态修复、森林防护等。生物处理主要是利用生物体对水体中的有害物质进行分解、降解或转化。水体综合治理中常见的生物处理方法包括植物修复、微生物处理等。化学处理是通过添加化学药剂等方法，将水体中的有害物质转化为无害或低毒物质，从而达到治理水体的目的。水体综合治理中常见的化学处理方法包括氧化、还原、沉淀等。物理处理是通过沉淀、过滤、氧化等方法，将水体中的有害物质物理分离和去除，从而达到治理水体的目的。水体综合治理中常见的物理处理方法包括沉淀、过滤、氧化等。

实施水体综合治理需要考虑不同的治理方法和治理技术的适用性和效果，以及治理成本和效益等因素。具体需要注意以下几点：要根据不同的水体污染类型和程度，选择最合适的治理方法和技术；要对水体治理过程进行监测和管理，及时发现和处理治理过程中的问题；要以完善的法律法规和政策体系来保障水体治理工作的顺利实施，加强对水体污染治理和修复的执法和监管；要通过宣传和教育来提高公众对水体污染和水体治理的认识和理解，促进公众对水体治理工作的支持和参与度。

（三）加强农业管理

加强农业管理是实施土壤修复和水体综合治理的重要保障。政府可以加强农业生产和使用农资管理，如加强对施肥、农药、畜禽粪便等的监管和管理，推广有机农业和绿色农业等，做好源头控制。通过加强农业管理，促进农村经济发展，保障人民群众的生产和生活需求。

加强土地管理包括土地利用规划、土地承包经营、土地流转等方面，通过规范土地利用、促进土地流转，提高土地利用效率和土地资源的保护程度，推动农业生产和农村经济发展。加强种植管理包括选育优良品种、推广科学种植技术、加强病虫害防治等方面，通过优化品种结构、提高种植技术、加强病虫害防治，提高农作物产量和品质，提高农业生产效益。加强畜牧管理包括畜禽饲养管理、动物疫病防治、畜产品质量安全管理等方面，通过加强畜禽饲养管理、严格动物疫病防治、加强畜产品质量安全管理，提高畜牧业生产效益和质量，促进畜牧业的可持续发展。加强农产品质量安全管理包括强化农产品质量安全监管、加强农产品质量安全标准制定、加强农产品质量安全宣传等方面，通过加强监管、制定标准、宣传质量安全知识，提高农产品质量安全水平，保障人民群众的食品安全。

在加强农业管理过程中，需要注意：要加强政策支持，制定相关政策和措施，加大对农业生产和农村经济发展的投入，提高农业生产效益和农民收入水平；要加强组织领导，建立健全农业管理体系，加强对农业生产和农村经济发展的组织和领导，确保农业生产和农村经济发展规范有序；要加强技术支持，推广科学种植技术和现代农业技术，提高农业生产效率和质量；要加强宣传教育，提高农民对农业生产和农村经济发展的认识和理解，促进农民积极参与农业管理和农村经济发展；要建立完善的监督和管理体系，加强对农业生产和农村经济发展的监督和管理，及时发现和处理违规行为，保障农产品质量安全和农民权益。

（四）完善监管机制

完善监管机制是实施土壤修复和水体综合治理的重要保障。政府可以通过建立完善的环境监管机制，加强对农业面源污染的监测和管理，及时发现和处理农业面源污染问题，防止污染扩散和加剧。

加强监管立法包括制定和修改相关法律和法规、建立健全相应的行政规章和制度，需要通过完善监管立法，规范和明确监管的权责和程序，提高监管的效率和公正性。健全监管机构包括建立和完善监管机构的组织架构、人员配备、管理制度等方面，通过建立健全的监管机构，提高监管的专业性和效率，推动监管工作的规范化和科学化。加强监管手段包括建立和完善监管手段的制度和技术手段、加强监管信息化建设等方面，通过加强监管手段，提高监管的准确性和效率，有效防范和打击各种违法违规行为。加强监管协作包括建立和完善监管协作机制、加强不同监管机构之间的沟通和协作等方面，通过加强监管协作，提高监管的协同性和效率，增强监管工作的权威性和公信力。

在完善监管机制过程中，要加强监管法律法规的制定和修改，建立和完善相应的监管制度和机制，提高监管的规范化和科学化；要建立健全监管机构的组织架构、人员配备、管理制度等，推动监管工作的规范化和科学化；要加强监管手段的建设和应用，有效防范和打击各种违法违规行为；要加强监管协作，建立和完善监管协作机制，加强不同监管机构之间的沟通和协作。

（五）加强宣传教育

加强宣传教育是实施土壤修复和水体综合治理的重要手段。开展宣传教育活动，可以提高公众的环保意识和环保知识，增强公众对土壤修复和水体综合治理的支持和参与度，促进土壤修复和水体综合治理工作的顺利实施。

加强宣传法律法规和社会主义核心价值观，包括通过宣传教育、媒体宣传等方式，让人民群众了解法律法规和社会主义核心价值观的重要性和意义，增强法制观念和社会主义意识。加强宣传科学知识和技术，包括通过宣传教育、科普活动等方式，让人民群众了解科学知识和技术的发展和应用，增强科学素养和探究精神。加强宣传文化艺术和传统文化，包括通过宣传教育、文化活动等方式，让人民群众了解文化艺术和传统文化的魅力和价值，增强文化自信和文化认同。加强宣传健康生活方式和环境保护意识，包括通过宣传教育、健康知识普及、环境保护宣传等方式，让人民群众了解和掌握健康生活方式和环境保护知识，增强身体健康和环境保护意识。

在加强宣传教育过程中，要根据不同的宣传教育内容和对象，采用不同的宣传教育方式和手段，提高宣传教育的针对性和有效性；要加强宣传教育的组织和领导，建立健全宣传教育机制和体系，推动宣传教育工作的规范化和科学化；要加强宣传教育的质量和效果评估，及时总结和反馈宣传教育工作的成效和问题，不断改进和提高宣传教育工作的水平和效果；要加强宣传教育的国际化和多元化，推动国际文化交流和多元文化交融，增强人民群众的文化视野和国际意识。

四、加强技术研发与推广

农业面源污染是当前我国面临的一个重要环保问题，加强技术研发与推广是解决农业面源污染问题的重要途径。加强技术研发与推广可以提供有效的污染治理手段，促进农业可持续发展，提升农民技术水平和意识，降低治理成本和提高效率，以及推动政策和法规制定。下面将从技术研发与推广两个方面展开讨论。

（一）加强技术研发

农业面源污染已成为当前我国面临的一个重要环保问题。为了解决农业面源污染问题，需要加强技术研发，开展农业面源污染防治技术研究，提高技术先进性。加强技术研发，就是要针对不同类型的农业面源污染，开展深入的研究，探讨和开发适合我国农业生产的新型农业面源污染防治技术。例如，针对化肥和农药污染问题，可以研究开发高效、环保的生物有机肥、微生物制剂等新型农业生产技术；针对畜禽养殖废弃物和农业生产废水问题，可以研究开发出生态养殖和循环农业等新型农业生产模式。

研究农业面源污染的成因和机理、特点和规律，例如，研究不同农业生产模式下的农业面源污染特点和规律，从而探索相应的防治措施。发挥科技优势，引进和消化国外先进的农业面源污染防治技术，结合我国国情和农业生产特点，研究和开发具有我国特色和优势的新型农业面源污染防治技术。在技术研发上，要充分发挥科技创新的作用，采用现代科技手段，如人工智能、大数据、云计算等技术，加快技术研发进程。

通过技术推广和示范，向广大农民普及新型的农业面源污染防治技术，提高农民的环保意识和技术水平。技术示范和推广基地是技术推广和示范的重要平台，可以向广大农民展示先进的农业面源污染防治技术，提高农民的技术水平和环保意识。

加强技术创新和成果转化的资金支持，旨在提高技术创新的积极性和效果，创造更多的技术成果。政府可以加大对技术研发和成果转化的资金支持力度，帮助科研机构和企业开展相关研究和示范工作，同时还可以采取税收、贷款等方式，支持技术创新和成果转化。加强技术研发的国际合作和交流，旨在拓宽技术研发的国际视野，吸收和借鉴国际先进的技术成果，提高我国农业面源污染防治技术的水平。可以通过组织国际学术会议、开展国际科技合作项目等方式，促进技术研发的国际合作和交流，提高我国农业面源污染防治技术的国际影响力和竞争力。建立技术研发的长效机制，旨在加强技术研发的组织规划和管理，推动技术研发成果的快速转化和应用。例如，可以建立技术研发团队，制订技术研发计划和路线图，建立技术研发管理制度，落实技术研发的经费和人力资源等方面的保障。

（二）加强技术推广

技术推广可以让广大农民了解和掌握新型的农业面源污染防治技术，提高农民的环保意识和技术水平，进而促进农业生产的可持续发展。为此，要建立技术推广服务体系，建立技术推广示范基地，建立技术推广培训机制，加强农村信息化建设，加强技术推广人员的培训和管理，强化技术推广的宣传和教育工作，创新技术推广模式，推广新型的技术推广手段，引导企业参与技术推广等。

建立技术推广培训服务体系，可采取多种形式，如设立技术推广中心、技术推广站、技术推广示范基地等，开展技术推广和培训，提供技术咨询和技术支持，推广新型的农业面源污染防治技术，帮助农民解决实际问题。加强技术推广的培训力度，可采用多种形式，如组织技术推广培训班、开展技术推广巡回培训等，以提高农民的技术水平。提高技术推广人员的专业水平和服务能力，推动技术推广的规范化和专业化。政府可以加大对技术推广人员的培训和管理力度，落实技术推广人员的待遇和激励政策，提高技术推广人员的工作积极性和效率。政府可以加大对农村信息化建设的投入力度，提高信息化设备的普及率和使用率，建立信息化平台，向广大农民提供技术咨询和技术支持，加强技术推广力度。

建立技术推广示范基地，发挥示范效应，可以提高农民的技术水平和环保意识。政府可以在农村地区设立技术推广示范基地，向广大农民免费展示新型的农业面源污染防治技术，并提供技术咨询和技术支持。除此之外，政府还可以通过政策引导、经济激励等手段，鼓励企业参与技术推广工作，推广先进的农业面源污染防治技术，提高农业生产的环保水平，促进农业产业的可持续发展。

五、建立监测预警机制

建立监测预警机制是解决农业面源污染问题的重要措施之一。监测预警机制可以及时获取和收集相关数据和信息，对潜在风险、问题和突发事件进行监测和预警。准确、全面地掌握情报和数据，有助于提前识别潜在的危险和挑战，为决策者提供科学依据，从而采取及时有效的措施，降低风险和损失。通过建立监测预警系统，可以及早发现和防范各类安全风险，如自然灾害、公共卫生事件、社会安全事件等，以便及时采取紧急救援、防范措施和应对预案，最大限度地减少人员伤亡和财产损失，维护社会的稳定和安全。通过对环境污染、气候变化、自然资源利用等方面进行监测和预警，可以及时发现和解决环境问题，预防生态灾害的发生，促进可持续的资源管理和生态保护。监测预警机制还有助于提高环境管理和政策制定的科学性和针对性，推动绿色发展和生态文明建设。

（一）建立监测网络体系

监测网络体系是建立农业面源污染监测预警机制的重要基础，通过建立监测网络体系，可以全面监测农业环境中的污染物质，及时发现和预警污染情况。为此，应建立站点，确定水质、土壤、大气的指标，实施现场监测、定点监测和遥感等方面的监测，并建立预警机制。

建立站点包括区域性监测站点、点源监测站点和河流监测站点。区域性监测站点位于农业面源污染的核心区域，通过水、土、气等指标全面了解该地区的污染情况。该类型监测站点通常需要采用多种监测手段，包括现场监测、定点监测和遥感监测等。点源监测站点位于农业面源污染的重点污染源，如养殖场、农田等，通过监测该地区的水、土、气等指标，了解该点源的污染情况。河流监测站点位于农业面源污染的河流、水体等，通过监测该河流的水质指标，了解该河流的污染情况。该类型监测站点通常需要采用现场监测和定点监测等手段。

水质指标主要包括水中各种物质的含量和水的物理性质，如 pH 值、溶解氧、化学需氧量（COD）、氨氮等。水质指标是监测农业面源污染的重要指标之一，可以通过现场监测和定点监测等手段进行监测。土壤指标主要包括土壤的基本性质、有机质含量、重金属含量、氮磷含量等。土壤指标是监测农业面源污染的重要指标之一，可以通过土壤采样和化验等手段进行监测。大气指标主要包括大气中各种污染物质的含量和大气的物理性质，如 PM2.5、PM10、二氧化硫、氮氧化物等。大气指标是监测农业面源污染的重要指标之一，可以通过定点监测和遥感监测等手段进行监测。

实施监测包括现场监测、定点监测和遥感监测。现场监测是指在农业环境中直接采集样品进行监测的方法，适用于水、土、空气等多种监测指标。现场监测需要采用专业设备进行监测，如水质分析仪、土壤分析仪等，可以在监测站点进行现场监测。定点监测是指在特定区域或点位上采集样品进行监测的方法，适用于水、土等监测指标。定点监测需要在监测站点进行采样，并送到实验室进行化验，可以获取更加准确和精细的监测数据。遥感监测是指利用卫星、飞艇等遥感技术进行监测的方法，适用于大范围、大面积的监测。遥感监测可以获取大范围的监测数据，并且可以实现多次监测，对污染情况进行比较和分析。

建立预警机制即通过建立预警指标、确定预警等级、采取预警方式、建立预警管理系统等，实现及时预警农业面源污染情况，并采取有效措施进行防治。

确定预警指标是建立预警机制的重要基础，需要根据监测数据和农业面源污染的特点，选取合适的预警指标，包括确定水质指标、土壤指标和大气指标。

确定预警等级是根据预警指标和监测数据，对农业面源污染的风险等级进行评估，确定污染风险的等级。预警等级通常分为三级：一级预警，表示污染风险较低，需要加强监测和预防措施；二级预警，表示污染风险较高，需要采取及时措施减少污染扩散和影响；三级预警，表示污染风险极高，需要立即采取紧急措施进行防治和应急处置。预警等级的划分应该根据预警指标和监测数据的变化情况进行调整，以保证预警机制的精准性和有效性。

采取预警方式包括短信、公告、电话、网络等。短信预警是指通过短信等方式，向相关部门和人员发送预警信息，提醒他们注意污染情况和采取相应措施。短信预警可以快速、准确地传达预警信息，适用于紧急情况和需要即时响应的场合。公告预警是指通过官方媒体、网站等公布预警信息，向公众发布污染情况和预警等级。公告预警可以扩大预警范围，提高公众的污染意识和防范能力，适用于较为严重但不需要立即采取措施的情况。电话预警是指通过电话向相关部门和人员发送预警信息，提醒其注意污染情况及采取相应的措施。电话预警可以快速、直接地传达预警信息，适用于需要紧急响应但无法实现短信预警的情况。网络预警是指通过互联网平台、微信公众号等方式发送预警信息。网络预警可以快速、广泛地传达预警信息，适用于覆盖范围较广的预警情况。

建立预警管理系统就是建立一个完整的管理系统，包括信息收集、处理、分析和发布等环节。预警管理系统需要具备以下功能：数据采集和处理系统可以及时收集和处理监测数据，计算预警指标的值，确定预警等级；预警信息发布系统即通过各种方式发布预警信息，包括短信、电话、公告、网络等；预警信息管理系统指的是对预警信息进行存储、管理和分析，以便后续参考和统计；应急响应机制系统即建立应急响应机制，明确各方责任和行动计划，确保预警信息得到及时响应和处理。

（二）实施措施

实施控制农业面源污染的措施对于保护水资源、维护生物多样性、保障食品安全和推动可持续农业发展至关重要。政府、农民和相关利益方应共同努力，采取有效的措施和管理策略，以减少农业面源污染的影响，实现可持续农业和可持续发展的目标。具体来说，需要加强农业面源污染监测，实施农业面源污染治理，加强宣传教育和培训，建立权责清晰的监管机制。

农业面源污染监测是建立预警机制的基础，因此要加强监测网络的建设和监测技术的提高，确保监测数据的准确性和时效性。同时，要完善监测数据的管理和分析，为预警机制提供可靠的数据支持。

农业面源污染治理是防控农业面源污染的根本措施，需要采取一系列措施，包括加强政策支持，为农业面源污染治理提供政策支持和经济激励。通过科技手段，推广绿色、低碳、环保的农业生产方式，减少化肥、农药等农业面源污染物的排放。采取秸秆还田、农膜回收、畜禽粪污处理等措施，减少农业面源污染物的排放。加强政策引导和资金支持，完善农业面源污染治理法律法规，建立农业面源污染治理长效机制，确保治理效果持久等。

加强宣传教育和培训，需要采取的措施包括通过各种宣传手段，提高公众对农业面源污染的认识和防范意识，引导公众积极参与农业面源污染治理。针对农民、农业从业人员、监测人员等不同群体，开展相关培训，提高他们的技能和知识水平，提高农业面源污染治理效果。

建立权责清晰的监管机制，需要采取以下措施：建立健全农业面源污染监管体系，即完善法律法规，建立权责清晰的农业面源污染治理监管体系，加强监管力度，确保治理效果。明确监管责任，即将农业面源污染治理纳入地方政府和相关部门的工作职责，以便加强监管协作，形成合力。加强监督检查，即加大对农业面源污染治理工作的监督检查力度，对违法违规行为进行严厉打击，确保治理工作的顺利进行。

六、加强法规制度建设

加强法规制度建设是解决农业面源污染治理问题的重要途径之一。通过建立明确的法规和制度框架，可以规范农业生产行为，设立标准和要求，并建立监督与执法机制，以推动农业面源污染治理工作的有效实施。具体来说，应重点开展以下几个方面的工作。

完善现有的农业面源污染治理方面的法规制度，特别是在监管、执法等方面，需要进一步明确责任和权力，规范执法程序和处罚标准，提高执法效率和公正性。

农业面源污染治理是一个复杂的系统工程，需要从多个方面进行治理，如土壤保护、水资源保护、生态保护等。针对不同的治理方面，需要制定相应的法规制度，如土壤污染防治法、水资源保护法等。这些法规制度应该明确责任、规范行为、加强监管、促进科技创新等。

加强法规宣传和普及，提高公众的法律意识和环保意识，推动法规制度得到有效执行。同时，还需要加强执法力度，建立健全的执法机制和执法队伍，加大执法力度和惩罚力度，确保法规制度得到有效实施和执行。

农业面源污染治理是一个涉及多个部门和领域的综合性问题，需要各部门之间加强协调和联动，形成合力，共同推进农业面源污染治理工作。在法规制度方面，也需要各部门之间加强协调和联动，避免法规制度之间的重复和冲突，形成统一、协调的法规制度体系。

第三章　农业面源污染治理效率测度指标选取及模型构建

本章内容主要阐述如何建立农业面源污染治理效率测度模型。首先，依据生产经济学、环境经济学理论，筛选测度农业面源污染治理效率的投入和产出指标，构建农业面源污染治理效率测度模型。投入指标从污染治理投入的人、财、物三要素中选取，产出指标分为合意产出和不合意产出，合意产出采用不变价格的农业总产值，不合意产出采用农业面源污染排放量。其次，基于超效率 DEA 方法构建农业面源污染治理效率测度模型。最后，分析指出农业面源污染治理效率测度模型在应用上存在的主要问题。

第一节　农业面源污染治理效率测度简述

农业面源污染治理的效率测度需要综合考虑生产经济学和环境经济学的相关理论和方法。从生产经济学的角度来看，农业生产过程中的污染物排放是一种外部成本，它会对环境和社会产生负面影响。因此，农业面源污染治理的效率测度需要考虑治理投入与产出之间的关系，即治理成本与减排效果之间的关系。同时还涉及管理水平评价、环保意识调研等方面。常用的测度方法包括成本效益分析和成本效用分析。从环境经济学的角度来看，农业面源污染治理的效率测度需要考虑环境效益，即治理项目的效率和公众满意度与治理成本之间的关系。环境效益可以通过建立污染物排放量与环境效益的函数关系来测算。

综合考虑生产经济学和环境经济学的理论和方法，可以得到农业面源污染治理的总体效率。其中，治理成本和污染减排效果是重要指标，需要根据实际情况选择合适的测度方法进行测算。此外，还需要考虑治理措施的可行性和可持续性等因素，以便更全面地评估农业面源污染治理的效率。

一、治理投入与产出

治理的投入与产出指的是治理成本和污染减排效果之间的关系，这是环境经济学中的一个重要问题。

成本和污染减排效果之间的关系是一个复杂的问题，需要从多个方面进行分析和探讨。首先，成本和污染减排效果之间是一种负相关关系，即治理成本的增加会导致污染减排效果减弱，而污染减排效果的提高则需要增加治理成本。这是因为治理成本的增加会导致生产成本增加，从而可能降低企业的生产效率和竞争力，进而导致治理措施的实施程度降低，使污染物的减排效果降低。反之，如果要提高污染减排效果，就需要增加治理措施的投入和治理成本。其次，如何平衡成本和污染减排效果之间的关系是一个重要问题。一种常用的方法是采用成本效益分析或成本效用分析的方法，通过比较不同治理措施的成本和污染减排效果，选取对治理成本和污染减排效果都比较优的治理措施。

成本效益分析是指将治理成本和治理效果转换为货币单位，比较不同治理措施的成本效益，选取成本效益比较优的治理措施。成本效用分析是指将治理成本和治理效果转换为不同类型的效用单位，比较不同治理措施的成本效用，选取成本效用比较优的治理措施。此外，也可以采用经济激励措施，如排放许可证、排污费等，通过经济手段来减少污染排放，从而在保证治理效果的前提下降低治理成本。

成本效益分析或成本效用分析这两种方法是常用的经济评估方法，可以帮助决策者在制订治理方案时平衡成本和污染减排效果之间的关系，选取成本效益或成本效用比较优的治理措施。举个例子，假设某地区的农业面源污染比较严重，需要采取治理措施进行减排。治理措施包括建设生态池和推广有机肥料两种方案。生态池的建设成本为100万元，可以减少污染物排放量1000吨；推广有机肥料的投入成本为50万元，可以减少污染物排放量500吨。如果采用成本效用分析的方法，可以将生态池的治理效果转换为环境效益，将推广有机肥料的治理效果转换为农产品质量提高程度，两相比较，择优选取。

二、管理水平评价

管理水平的高低在很大程度上决定了农业面源污染治理效率的高低。做好评价工作，可以推动农业面源污染治理工作的落实和提高管理水平，从而实现可持续的农业发展。下面是一些可能用到的管理水平评价指标和方法。

对农业面源污染治理工作的管理水平进行评价，需要建立一个可行的指标体系。这个指标体系应该包含多个方面的指标，如政策法规的完善程度、农业废弃物处理的规范性、农民环保意识的提高程度等。同时，对于每个指标需要采集相应的数据，并进行统计和分析。数据的来源可以包括政府部门、农业企业和农民等。在数据处理过程中，需要注意数据的真实性和可靠性。然后根据指标体系和数据的特点，选择合适的评价方法。常用的评价方法包括权重法、层次分析法、主成分分析法等。这些方法可以用来确定各指标的权重，进而综合评价农业面源污染治理工作的管理水平。另外，评价结果需要进行验证和改进。验证可以通过实地考察、问卷调查等方式进行，以确保评价结果的可靠性。改进则可以通过对评价指标和方法的修订和完善来实现，以提高评价的准确性和实用性。

总之，农业面源污染治理效率测度过程中的管理水平评价是一个重要的工作，需要从多方面进行考虑，制定出符合实际情况的评价指标和评价方法，以提高治理效果和治理成本的效率。

三、环境效益与治理成本之间的关系

农业面源污染治理效率测度过程中必须充分考虑环境效益与治理成本之间的关系问题。环境效益通常是指生态环境的保护和修复、自然资源的合理利用以及环境污染的防治等方面的正面影响，也就是对环境质量的改善所带来的积极效果。这种积极的效果不仅对环境本身有益，也可以提升公众满意度。治理成本是指为了达到特定治理目标而需要付出的成本，这些成本主要包括经济成本、社会成本和环境成本。

环境效益可以从污染物排放量与环境效益的函数关系中得出结论。污染物排放量与环境效益之间的函数关系通常是一个递减函数，即随着污染物排放量的增加，环境效益逐渐减少。这是因为在环境容量一定的情况下，过量的污染物排放会导致环境质量恶化，从而影响生态系统的平衡和人类健康。在一定程度上，污染物排放量和环境效益之间的关系可以用经济学中的边际效应原理来描述。具体来说，当污染物排放量较低时，环境效益的增加效应较大，因为在污染物排放量较低的情况下，降低排放量所带来的环境效益相对较大。但是，随着排放量的增加，环境效益的增加效应逐渐减小，因为此时降低排放量所带来的环境效益相对较小，而降低排放量所需的成本则相对较高。因此，为了最大化环境效益，需要在污染物排放量和降低排放成本之间进行平衡。这可以通过制定相应的环境政策和管制措施来实现，如制定污染物排放标准、实行排污收费、建立排污权交易市场等。这些措施可以帮助企业在降低污染物排放的同时，最大化环境效益，实现经济可持续发展和环境保护的双赢。

在治理成本中，经济成本主要指的是污染治理需要投入的资金、设备、技术、人力、物资等成本。此外，治理过程中还会产生运营费用、维修费用等日常成本。社会成本主要指的是治理过程中对当地农民生产和生活产生的一定影响。例如，治理措施可能会增加农民的生产成本，同时也可能会对当地的社会稳定性产生一定的影响。环境成本主要指的是治理需要考虑到对环境的影响，如治理措施不得当将导致土地退化、水资源污染等。

环境效益与治理成本之间的关系对于农业面源污染治理的有效推进和可持续发展至关重要。一方面，环境效益对农业面源污染治理的推进具有重要的推动作用。治理项目的效益可以通过监测和评估来确定，如水质的改善、生态环境的恢复等。公众满意度则可以通过问卷调查等方式来了解。治理项目的效益和公众满意度的提高可以为农业面源污染治理工作的推进提供动力，促进治理工作的落实和成效。另一方面，治理成本也是农业面源污染治理工作的重要考虑因素。治理成本包括经济成本、社会成本和环境成本。经济成本主要包括投资和运营成本等。社会成本包括影响当地社会和生产生活的因素，如就业、收入等。环境成本则包括治理过程中可能带来的环境负担，如能耗、废气、废水等。治理成本的降低可以为农业面源污染治理工作提供经济支持，同时也可以减轻当地社会和环境的负担。

环境效益和治理成本是密不可分的，因此在农业面源污染治理效率测度过程中，为了平衡二者的关系，需要在治理项目的选择和方案设计过程中综合考虑环境效益和治理成本，以确保治理工作的可持续性和经济效益。

治理项目的选择应该考虑其对环境效益的贡献。例如，可以选择那些能在短时间内产生显著环境效益的项目，如控制农田径流、减少化肥农药使用等。此外，需要综合考虑治理成本，选择那些经济成本较低、社会成本较小、环境成本较少的项目。

治理方案的设计应该注重平衡环境效益和治理成本。可以采用技术创新和管理创新等方式降低治理成本，提高治理效率，以实现治理成本与环境效益的最优平衡。例如，可以采用先进的农业生产技术，如精准施肥、秸秆还田等，来减少化肥农药的使用和农业面源污染的排放。同时，也可以通过制定科学的治理方案和管理制度，提高治理效率，降低治理成本。

为了实现农业面源污染治理工作的长期稳定推进和可持续发展，需要建立有效的监测和评估机制。对治理项目的效益和治理成本进行监测和评估，可以及时发现问题和不足之处，并进行改进和优化。同时，还可以通过公众参与和社会监督，提高治理工作的透明度和公信力，增强公众对治理工作的支持和信任度。

第二节　农业面源污染治理效率测度指标的筛选

农业面源污染治理效率涉及许多宏观大环境数据和微观指标数据，借此可以全面准确判断治理工作的成效和影响。当然这需要跨学科综合分析。事实上，农业面源污染治理效率的标准化数据有很多，涉及定量分析和定性分析的各个方面。就农业面源污染治理效率测度指标而言，其合理筛选可以确保评估结果全面、准确、可靠，提高农业面源污染治理工作的效率和效果。下面将从一些常用的农业面源污染治理效率测度常用指标入手，进而讨论如何筛选问题，包括按污染类型和来源分类定制指标体系、结合区域特点选择效率测度指标、重点关注效率测度点产出指标，以及筛选指标需要注意的问题等。

一、农业面源污染治理效率测度常用指标

农业面源污染治理效率测度指标是用于评估农业面源污染治理措施的效果和成效的具体指标或指标体系，用来量化和衡量治理措施在减少农业面源污染方面的效率和效果。一般来说，该指标应包括治理效果指标、治理成本指标、治理管理指标、公众参与指标和技术创新指标。这些指标综合考虑了农业面源污染治理的环境、经济和社会效益，可以综合评估治理措施的效果和成效。在实际工作中，需要根据具体情况选择合适的指标，进行综合评估和分析，以推动农业面源污染治理工作的落实和提高治理效率。

治理效果指标用于衡量治理工作的效果，包括水质、生态环境、土壤质量等方面的改善程度。例如，水质指标可以使用 COD（化学需氧量）、NH_3-N（水中的氨氮含量指标）、总磷等污染物浓度来评估；生态环境指标可以使用生物多样性、植被覆盖率等来评估。

治理成本指标用于评估治理工作的经济成本、社会成本和环境成本等。经济成本指标包括投资、运营成本等；社会成本指标包括就业、收入等；环境成本指标包括能耗、废气、废水等。治理成本指标的评估可以帮助决策者

确定最优的治理方案，提高治理工作的效率。

治理管理指标用于评估治理工作的管理水平和治理流程。例如，政策法规的完善程度、治理方案的可行性、管理制度的健全性等都是治理管理指标的重要内容。治理管理指标的评估可以帮助决策者发现治理工作中存在的问题和不足之处，并及时进行改进和优化。

公众参与指标用于评估公众对农业面源污染治理工作的参与程度和满意度。例如，问卷调查、公众听证等方式可以用于评估公众的意见和建议，从而帮助决策者制定更好的治理方案和管理制度。

技术创新指标用于评估农业面源污染治理工作的技术水平和创新能力。例如，农业生产技术的更新换代、治理工艺的创新等都是技术创新指标的重要内容。技术创新指标的评估可以帮助决策者发现技术“瓶颈”和创新机遇，促进农业面源污染治理工作的创新和发展。

二、按污染类型和来源分类定制指标体系

将农业面源污染治理效率测度的指标体系按照污染类型和污染来源进行分类，有助于针对不同类型和来源的污染制定相应的治理方案和评估指标，从而提高农业面源污染治理效率。不同类型的污染物具有不同的特点和影响途径，因此需要有针对性地设计指标来评估治理效果。通过分类制定指标体系，可以确保评估指标与污染物的性质和特征相匹配，提高评估的准确性和可靠性。不同污染来源可能涉及不同的农业活动和管理措施，因此需要有针对性地制定治理方案和评估指标。通过分类定制指标体系，可以更好地了解不同来源的污染物产生机制和传输途径，为制定相应的治理策略提供依据。同时，定制的评估指标可以更准确地反映不同来源污染的治理效果，帮助农业生产者和管理者了解治理成效并采取相应的改进措施。此外，按照污染类型和来源分类定制指标体系，也有助于提高农业面源污染治理的针对性和效率。通过精确测度不同类型和来源污染的治理效果，可以更好地集中资源和精力进行重点治理，优化资源配置并提高治理效率。同时，针对不同类型和来源的污染设计的指标体系还可以促进经验分享和最佳实践的推广，为农业面源污染治理提供指导和借鉴。

按照污染类型分类，可以针对不同种类的农业面源污染制定相应的指标，主要包括氮污染、磷污染和农药污染。氮污染主要来自农田施肥、畜禽养殖等，可以选择氨氮浓度、总氮浓度等指标来评估治理效果；农田氮肥使用量、畜禽粪便处理率等指标来评估治理成本。磷污染主要来自农田施肥、养殖废

弃物等，可以选择总磷浓度、可溶性磷浓度等指标来评估治理效果；选择农田磷肥使用量、养殖废弃物处理率等指标来评估治理成本。农药污染主要来自农田农药使用、农药残留等，可以选择农药残留浓度、农药使用量等指标来评估治理效果；选择农药使用成本、农药残留检测成本等指标来评估治理成本。

按照污染来源分类，可以考虑农业活动中不同环节的污染来源，如农田施肥、农药使用、养殖废水排放等，主要包括农田污染、畜禽养殖污染和农业废弃物污染。农田污染主要来自化肥、农药使用等，可以选择化肥使用量、农药使用量等指标来评估治理成本；选择氨氮浓度、总氮浓度等指标来评估治理效果。畜禽养殖污染主要来自粪便排放、饲料添加物等，可以选择养殖密度、粪便处理率等指标来评估治理成本；选择氨氮浓度、总氮浓度等指标来评估治理效果。农业废弃物污染主要来自农村生活垃圾、养殖废弃物等，可以选择垃圾清理成本、养殖废弃物处理成本等指标来评估治理成本；选择垃圾堆肥化率、养殖废弃物处理率等指标来评估治理效果。

在制定农业面源污染治理效率测度的指标体系时，需要综合考虑治理目标、数据可得性、指标间的关联性、治理工作的特点以及相关标准和指南等因素。

制定指标体系的首要任务是明确治理目标。治理目标应该与治理工作的具体情况和要求相符。例如，治理氮污染的目标可能是减少氮肥用量或氮污染浓度，治理磷污染的目标可能是减少磷肥用量或磷污染浓度。在明确治理目标的基础上，可以选择与之相对应的治理效果指标，以确保评估结果符合治理目标。

治理效果指标需要有可信的监测数据支持，治理成本指标需要有可靠的财务数据支持。因此，在制定指标体系时需要考虑数据的可得性，避免因数据缺失导致评估结果不准确。可以根据实际情况选择可靠的监测手段和评估方法，确保数据的可靠性和准确性。

不同指标之间可能存在相互关联的情况。例如，治理成本和治理效果之间存在负相关关系，治理效果越好，治理成本可能越高。因此，在制定指标体系时需要考虑指标间的关联性，避免选择存在冲突或重复的指标，从而导致评估结果不准确或重复。可以通过数据分析和模型建立等方法来研究指标间的关系，确保选择的指标体系具有可靠性和全面性。

治理工作的特点也需要考虑在内。例如，治理成本指标需要根据不同的治理项目和治理方案进行选择，避免因治理工作特点不同而导致评估结果不准确。治理效果指标也需要考虑治理工作的特点，如针对不同的污染类型和污染来源选择不同的治理效果指标，确保评估结果具有可靠性和准确性。

在制定指标体系时，可以参考相关标准和指南。例如，生态环境部办公厅、农业农村部办公厅于2021年3月发布的《农业面源污染治理与监督指导实施方案（试行）》；国家市场监督管理总局、中国国家标准化管理委员会联合编制并于2022年3月9日正式施行的《农村环卫保洁服务规范》等，以确保评估结果符合相关标准和规范，提高评估结果的可比性和可靠性。

三、结合区域特点选择效率测度指标

不同地区具有独特的自然环境、农业结构、经济发展水平和社会文化背景，因此在制定农业面源污染治理策略和评估指标时，考虑到区域特点是至关重要的。结合区域特点选择指标可以更准确地反映该地区的污染状况和治理需求。不同地区的农业面源污染类型和程度各异，因此需要根据具体情况选择适用的指标。例如，在农业主导的地区，农田养分流失可能是主要的污染问题，因此可以选择化肥利用率、农田养分平衡等指标来评估治理效果。而在养殖密集地区，养殖废水处理和氨氮排放控制可能更为关键，因此相应的指标如废水处理率、氨氮排放浓度等更具实际意义。结合区域特点选择指标也可以提高治理策略的针对性和可行性。不同地区的资源和技术条件不同，因此选择适宜的指标可以更好地指导农业面源污染治理工作。考虑到区域特点，可以选择既符合治理需求又适应当地条件的指标。这有助于确保治理策略的可操作性，提高农业面源污染治理的效率和效果。此外，结合区域特点选择指标还能够考虑到当地的社会经济因素和利益相关者的需求。不同地区的发展目标和利益格局各异，因此制定的指标应该与当地的发展规划和利益相关者的期望相一致。这有助于增强治理措施的可接受性和可持续性，促进各方的参与和支持。基于上述原因，需要了解和综合考虑区域的经济发展水平、污染类型和来源、自然条件、社会文化背景等因素。

了解区域的经济发展水平，可以通过成本效益分析和投入产出分析来掌握具体情况。在经济发展水平高的区域，可以采用成本效益分析来评估农业面源污染治理的效率。成本效益分析是一种常用的经济分析方法，通过对治理成本和治理效果进行综合评估，来确定治理方案的经济效益是否合理。在经济发展水平高的区域，可以采用投入产出分析来评估农业面源污染治理的效率。投入产出分析是一种常用的经济评估方法，通过对治理投入和治理产出进行综合评估，来确定治理方案的经济效益和投入产出比是否合理。

了解区域内的污染类型和来源，可以通过化肥使用量、污染物浓度及畜禽养殖密度来掌握具体情况。在农田氮磷污染较为严重的区域，可以选择化肥使用量等指标来评估农业面源污染治理的效率。化肥使用量是一种常用的污染物排放指标，可以反映农业面源污染的主要来源。在水体污染比较严重的区域，可以选择污染物浓度等指标来评估农业面源污染治理的效率。污染物浓度是反映水体污染程度的重要指标，可以通过对水样进行监测和分析来确定。在畜禽养殖污染较为严重的区域，可以选择畜禽养殖密度等指标来评估农业面源污染治理的效率。畜禽养殖密度是反映畜禽养殖污染的主要来源之一，可以通过对畜禽养殖场的管理和监测来确定。

了解区域自然条件，可以通过土壤肥力、农田水分管理来掌握具体情况。在干旱地区，可以选择土壤肥力等指标来评估农业面源污染治理的效率。土壤肥力是反映土地肥力状况的重要指标，可以通过对土壤样品进行监测和分析来确定。在干旱地区，可以选择农田水分管理等指标来评估农业面源污染治理的效率。农田水分管理是反映农业面源污染控制效果的重要指标，可以通过对农田灌溉和排水系统的管理和监测来确定。

了解区域的社会文化背景，可以通过生态价值、投入产出效益来掌握具体情况。在重视环保和生态文明建设的区域，可以选择生态价值等指标来评估农业面源污染治理的效率。生态价值是反映生态系统稳定和生态环境质量的重要指标，可以通过对生态环境质量和生态系统功能的监测和分析来确定。在重视经济效益和农业生产的区域，可以选择投入产出效益等指标来评估农业面源污染治理的效率。投入产出效益是反映治理成本和治理效果之间关系的重要指标，可以通过对治理成本和治理效果进行综合评估来确定。此外，也可以考虑评估农业面源污染治理对农业生产和经济发展的影响，以及对当地居民生活质量的影响等因素。

四、重点关注效率测度点产出指标

在农业面源污染治理中，效率测度点产出指标是衡量治理措施效果的关键指标，它能够直接反映治理行动所取得的实际成果和效益。产出指标是指直接反映治理效果的指标，是评估治理效率的重要依据。在选择农业面源污染治理效率测度指标时，重点关注产出指标是很重要的。

产出指标可以反映农业面源污染治理的实际效果。治理效率的核心是治理效果，只有治理效果好，才能说治理效率高。因此，在选择农业面源污染治理效率测度指标时，应该首先考虑能够直接反映治理效果的产出指标。产出指标可以直接表明治理工作的成果。治理污染的最终目的是降低污染物排放量，改善环境质量，保护生态系统。这些目标的实现对于社会和环境都有非常重要的意义。因此，在评估农业面源污染治理效率时，应该选择能够直接反映这些目标实现情况的产出指标，以便更好地展示治理工作的成果。产出指标可以帮助监测治理效果的持续性。治理并不是一次性的工作，在治理工作完成之后，需要对治理效果进行持续性的监测和评估。只有持续地监测治理效果，才能有效掌握治理工作的成果，进一步制订治理方案。因此，在选择农业面源污染治理效率测度指标时，应该选择能够持续监测治理效果的产出指标。产出指标可以为治理工作的改进提供重要依据。治理工作是一个不断优化改进的过程。只有通过对治理效果的监测和评估，才能发现存在的问题和不足，进一步制订改进方案。因此，在选择测度指标时，应该选择能够为治理工作的改进提供重要依据的产出指标。

在农业面源污染治理效率测度中，常用的产出指标包括污染物减排量、污染物浓度、生态环境指标、经济效益指标、社会效益指标、农业生产指标、水土流失率、土壤养分含量、生态系统服务价值、社会认知度、技术应用率、治理成本等。

污染物减排量是指某一时期内农业面源污染物减少的量。通过对污染物减排量进行监测和评估，可以直接反映农业面源污染治理效果。例如，可以统计某一地区化肥使用量的减少量、畜禽养殖密度的减少量等指标，从而反映出农业面源污染治理效果的实际情况。

污染物浓度是指污染物在水体、土壤或空气中的浓度。例如，可以测量某一地区水体中氮磷等污染物的浓度变化，反映农业面源污染治理效果的实际情况。

生态环境指标是指反映生态系统稳定和生态环境质量的指标。通过对生态环境指标的监测和评估，可以直接反映农业面源污染治理的实际效果。例如，可以测量某一地区土壤肥力、植被覆盖率等指标，反映农业面源污染治理效果对生态环境的影响程度。

经济效益指标是指反映治理成本和治理效果之间关系的指标。通过评估经济效益指标，可以直接反映农业面源污染治理的成本效益情况。例如，可以统计某一地区治理污染的成本和污染物减排量的变化，反映治理效果与治理成本之间的关系。

社会效益指标是指反映治理工作对当地社会的影响程度。通过监测和评估社会效益指标，可以直接反映农业面源污染治理的社会效果。例如，可以统计某一地区治理污染后当地居民的生活质量和环境满意度等指标，反映治理工作对当地社会的影响程度。

农业生产指标是指反映农业生产效益的指标，如农作物产量、畜禽养殖数量等。通过监测和评估农业生产指标的变化，可以直接反映农业面源污染治理对农业生产的影响。

水土流失率是指土地表面水土流失量占土地总面积的比例。农业面源污染治理措施往往涉及土地利用和管理，通过监测和评估水土流失率的变化可以反映出农业面源污染治理对土地保护的影响。

土壤养分含量是指土壤中氮、磷、钾等营养物质的含量。农业面源污染治理措施往往涉及化肥使用和管理，通过监测和评估土壤养分含量的变化可以反映出农业面源污染治理对土壤质量的影响。

生态系统服务价值是指生态系统为人类提供的各种生态服务的经济价值。农业面源污染治理措施往往涉及生态系统的保护和恢复，通过监测和评估生态系统服务价值的变化可以反映出农业面源污染治理对生态系统的影响。

社会认知度是指社会公众对农业面源污染问题的认知程度。通过监测和评估社会认知度的变化可以反映出农业面源污染治理宣传教育的效果。

技术应用率是指某项农业面源污染治理技术的应用程度。通过监测和评估技术应用率的变化可以反映出农业面源污染治理技术的推广应用情况。

治理成本是指农业面源污染治理所需的经济成本，包括设备采购、人力投入、管理费用等。通过监测和评估治理成本的变化可以反映出农业面源污染治理的经济效益。

在农业面源污染治理效率的测度中，每个指标都有其独特的意义和作用，因此需要根据具体情况选择合适的产出指标进行监测和评估。但是，从整体上看，污染物处理率、环境质量指标、农民收益指标以及政策实施指标这几个指标可以被视为重点的产出指标。

污染物处理率是指某一时期内污染物处理量占污染物总量的比例。它是衡量农业面源污染治理效果的重要指标之一。通过监测和评估污染物处理率的变化，可以直接反映出污染物治理效果的实际情况。

环境质量指标是指反映环境质量的指标，如水质指数、空气质量指数等。它是反映环境质量的重要指标之一。通过监测和评估环境质量指标的变化，可以直接反映出农业面源污染治理对环境质量的改善程度。

农民收益指标是指反映农民收益情况的指标，如农民收入、农村居民生活水平等。它是反映农民收益的重要指标之一。通过监测和评估农民收益指标的变化，可以直接反映出农业面源污染治理对农民生活的影响程度。

政策实施指标是指反映政策实施情况的指标，如政策执行率、政策满意度等。它是反映政策实施情况的重要指标之一。通过监测和评估政策实施指标的变化，可以直接反映出政策实施对农业面源污染治理的促进程度。

五、筛选指标需要注意的问题

在筛选指标时，需要考虑指标的可监测性和可定期评估性，以便对治理措施的效果进行监测和评估，为治理工作的开展提供科学依据。同时，也需要注意指标数据的可获取性和可信度，以及指标数据的收集和分析成本、周期等因素，以确保指标的实际应用价值和可操作性。通过筛选具备可监测性和可定期评估性的指标，可以更加全面、客观地评估农业面源污染治理的效果和成本。

在农业面源污染治理工作中，筛选指标是评估治理效果的重要环节。治理过程和治理效果是影响指标筛选的两个重要因素。治理过程是指在治理中所采取的措施，包括技术手段、管理制度、政策法规等方面，这些措施可以影响治理效果的实现。因此，指标的筛选应当考虑治理过程的关键因素，并确定相应的指标。例如，在农业面源污染治理中，影响治理过程的因素包括农业生产方式、农业面源污染源头控制、农民意识等方面，因此，可以通过筛选对应的指标来衡量这些因素。治理效果是指治理措施所产生的效果，包括污染物排放量的减少、环境质量的改善、农民收益的提高等。应当考虑到治理效果的关键因素，并确定相应的指标。例如，影响农业面源污染治理效果的因素包括农业面源污染物的种类和污染程度、治理措施的实施情况等方面，可以通过筛选对应的指标来衡量这些因素。

筛选的指标不仅要科学合理，还要具备可监测性和可定期评估性。这是因为，只有具备可监测性和可定期评估性的指标，才能够为农业面源污染治理工作提供科学依据，及时发现和解决问题。首先，筛选的指标要具备可监测性。可监测性是指指标的数据可以被收集和分析，以便对治理措施的效果进行监测和评估。筛选过程中应当考虑指标数据的可获取性和可信度，以及指标数据的收集和分析成本等因素。例如，在农业面源污染治理中，一些可监测的指标包括农业面源污染物的排放量、农民收益变化等。其次，筛选的指标要具备可定期评估性。可定期评估性是指指标的数据可以被定期收集和分析，以便对治理措施的效果进行定期评估和调整。筛选时应当考虑指标数据的收集和分析周期，以及指标数据的实际应用价值等因素。例如，可以通过定期收集和分析农业面源污染物排放量、治理措施实施情况等指标，对农业面源污染治理的效果进行定期评估和调整。

第三节　农业面源污染治理效率测度指标的确定

确定农业面源污染治理效率的测度指标是评估治理措施有效性和可持续性的关键步骤。这些指标提供了评估治理效果的科学方法，有助于促进资源的优化配置和经济效益的最大化，并推动信息共享和经验借鉴，为决策者提供可靠的依据和指导，推动农业面源污染治理工作的持续改进。

农业面源污染治理效率测度指标的确定需要经过确定指标类别、优选关键指标、指标体系构建、指标体系持续修订等几个重要步骤。通过这些步骤，可以构建相对完整、系统和科学的指标体系，为农业面源污染治理工作提供科学依据，并推动治理工作的不断发展和提升。

一、确定指标类别

在农业面源污染治理工作中，确定指标类别是测度治理效率的第一步。因为本研究是基于超效率DEA模型构建农业面源污染治理效率测度模型，所以首先从DEA模型的原理出发，将指标分为投入指标和产出指标两大类。

投入指标是指在农业生产过程中所投入的各种生产要素，如资金、劳动力、土地等。这些要素在生产过程中被使用、被消耗，是生产过程中必不可少的因素。通常，在其他条件不变的情况下，投入指标的数量越少，效率越高。

产出指标是指在农业生产过程中所获得的产出。经过生产要素的投入，农业生产不仅会产生人们希望获得的合意产出（农业总产值），也伴随一些不合意产出（农业面源污染）。通常，在其他条件不变的情况下，合意产出越多、不合意产出越少，效率越高。

治理目标是指治理工作所追求的目标和效果，包括环境保护、资源利用、农民收益等方面。在确定指标类别时，需要考虑治理目标的重要性和优先级。例如，农业面源污染治理目标包括减少污染物排放、改善环境质量、提高农民收益等方面。

治理对象是指治理工作所涉及的对象和范围，包括农业生产、土地利用、污染源头控制等方面。在确定指标类别时，需要考虑治理对象的关键因素和特征。例如，农业面源污染治理对象包括农业生产过程中的污染源、土地利用方式、农民生产行为等方面。

治理过程是指在治理中所采取的措施，因此需要考虑治理过程的关键因素和特征。治理过程包括农业生产方式、农业面源污染源头控制、农民意识等方面。

二、优选关键指标

在确定指标类别后，需要优选关键指标。关键指标是指那些对治理效果影响最大的指标。关键指标的优选可以帮助治理工作者理清治理工作的重点和难点，为后续的指标体系构建和指标持续修订等工作提供科学依据。同时，也需要注意指标的权重、指标之间的相关性等因素，以确保指标的科学性和实用性。为此，关键指标必须具有客观性、可操作性和实际应用价值。

客观性是指指标的测量结果不受主观因素的影响，能够准确反映治理效果。例如，测量污染物排放量、污染物浓度等指标必须具有客观性，以便为治理工作提供可靠的数据支持。

可操作性是指指标的测量方法简单、易于操作，指标数据能够被有效地收集、测量和监测，能够为治理工作提供实际帮助。例如，在农业面源污染治理中，测量资本、劳动和土地等要素投入的指标必须具有可操作性，以便为下一步的效率计算提供数据基础。

实际应用价值是指指标能够为治理工作提供实际效果，能够真正改善农业面源污染的治理效果。例如，测量农民收益的指标必须具有实际应用价值，以便为农民提供实际的经济利益，从而推动农民的积极参与。

三、指标体系构建

在上文分析和借鉴前人研究文献的基础上，本研究构建了农业面源污染治理效率测度指标体系（以下简称指标体系，见表3-1）。指标体系包括投入、合意产出、不合意产出3个维度指标，土地、劳动、资本、农业产值和农业面源污染5个变量指标，农作物播种面积等9个具体指标。农业面源污染被看作在农业生产活动过程中，为了生产社会所必需的农产品而产生的副产品，即非合意产出。假如农业投入和合意产出数量不变，而产生的农业面源污染减少，则意味着污染治理效率的提升。

表 3-1 农业面源污染治理效率测度指标体系

维度指标	变量指标	具体指标	指标说明
投入	土地	农作物播种面积	农作物（包括粮食作物和非粮食作物）的实际播种或移植面积
	劳动	农业从业人员	乡村人口中16岁以上，实际从事农、林、牧、渔业的乡村从业人员
	资本	农业机械总动力	主要用于农、林、牧、渔业的各种动力机械（柴油发动机、汽油发动机、电动机）的动力总和
		农用化肥施用量	实际用于农业生产的化肥数量，包括氮肥、磷肥、钾肥和复合肥，按折纯量计算
		农药使用量	在农业生产中使用的农药总量
		农膜使用量	在农业生产过程中为防寒、保温、保湿等使用的塑料薄膜，包括温室塑料大棚和地膜使用量
		农用柴油使用量	在农业生产过程中各种农业机械消耗的各种型号的柴油
合意产出	农业产值	农业总产值	一定时期（通常为一年）内以货币形式表现的农业全部产品的总量
不合意产出	农业面源污染	农业面源污染指数	分广义指数和狭义指数。农业面源污染广义指数的污染物来源包括农村人口生活、化肥使用、畜禽养殖和淡水产品养殖，可分为COD、TP、TN三类。农业面源污染狭义指数的污染物来源包括化肥使用、农药和农膜使用，可分为TP、TN、农药残留、农膜残留四类

四、指标体系持续修订

指标体系的持续修订是指在实践中不断更新和完善指标体系，以适应治理工作的实际需要。指标体系的持续修订可以帮助治理工作者不断更新和完善指标体系，为治理工作提供更加科学和实用的指标体系，从而推动治理工作的不断发展和进步。在指标体系的持续修订中，在考虑治理工作的实际情况、新技术、新政策等因素的基础上，要对指标进行优化和更新、完善和拓展、升级和调整，并对其进行推广和应用，从而为治理工作提供更加科学和实用的指标体系。

指标体系的优化和更新是指对原有指标进行重新评价和检验，以及根据实际需要增加、删除或调整指标。优化和更新要考虑指标的实际应用价值和治理效果的优先级。

指标体系的完善和拓展是指增加新的指标类别和指标内容，以适应治理工作的实际需要。指标体系的完善和拓展要考虑治理工作的实际情况。

指标体系的升级和调整是指将原有的指标体系进行重新设计和调整，以适应新的治理工作需要。指标体系的升级和调整要考虑治理工作的实际情况，以及新技术、新政策等。

指标体系的推广和应用是指将优化、完善和调整后的指标体系应用到实际的治理工作中，并推广到更广泛的范围。在指标体系的推广和应用中，需要加强与实践人员的交流和合作，充分利用实践经验和专家意见，为指标体系的修订提供科学依据。

第四节　基于超效率 DEA 模型的农业面源污染治理效率测度模型构建

DEA 是英文“Data Envelopment Analysis”的缩写，指的是数据包络分析。DEA 方法是运筹学中的一种效率评价方法，强调的是同类型可比对象效率值的相对可比性。在 DEA 模型中，效率的测度对象被称为决策单元（Decision Making Unit，DMU）。本研究中的 DMU 为福建省的 9 个地市，它们分别是福州市、厦门市、莆田市、三明市、泉州市、漳州市、南平市、龙岩市和宁德市。但是如果仅仅测算单个年度 9 个地市的治理效率，DMU 的数量会偏少，很容易出现大部分 DMU 均有效的结果，使 DEA 失去对不同 DMU 效率进行区分的能力。为了增加 DEA 模型中的 DMU 数量，同时在更长的历史时期考察福建省 9 个地市的农业面源污染治理效率，本研究选取 2011—2021 年福建省 9 个地市的年度数据作为研究对象，从而将 DMU 的数量增加到 99 个，避免了 DMU 数量过少而导致效率难区分的问题。

CCR 模型和 BBC 模型是 DEA 的两个基本模型，它们都属于径向模型，对测度条件要求严格，且效率值无法实现有效排序。当多个决策单元的 DEA 均达到有效时，难以进行横向上的区分比较。为了解决上述问题，Andersen 等构建了基于投入导向的超效率 DEA 模型，该模型能够有效区分多个效率值为 1 的 DMU，并对它们进行比较和排序。但是 Andersen 的模型没有考虑生产过程中的副产品——污染物。2004 年，Tone 构建了基于松弛变量（Slack-Based Measure，SBM）的超效率 DEA 模型，将生产过程中产生的污染物作为不合意产出纳入到了模型中。

超效率 SBM 模型的线性规划形式如下：

$$\rho=\min\frac{\frac{1}{m}\sum_{i=1}^{m}\frac{\bar{x}}{x_{ik}}}{\frac{1}{s_1+s_2}\left(\sum_{s=1}^{s_1}\frac{\bar{y}^g}{y_{sk}^g}+\sum_{q=1}^{s_2}\frac{\bar{y}^b}{y_{qk}^b}\right)}$$

$$\begin{aligned}&\bar{x}\geqslant\sum_{j=1,\neq k}^{n}x_{ij}\lambda_j;\ \bar{y}^g\leqslant\sum_{j=1,\neq k}^{n}y_{sj}^g\lambda_j;\ \bar{y}^b\geqslant\sum_{j=1,\neq k}^{n}y_{qj}^b\lambda_j\\&\bar{x}\geqslant x_k,\ \bar{y}^g\leqslant y_k^g,\ \bar{y}^b\geqslant y_k^b\\&\lambda_j\geqslant0,\ i=1,2,\cdots,m;\ j=1,2,\cdots,n;\\&j\neq0,\ s=1,2,\cdots,s_1;\ q=1,2,\cdots,s_2\end{aligned}\tag{3-1}$$

式（3-1）中，ρ 为效率评价值；x、y^g、y^b 分别代表投入、合意产出和不合意产出；m 为投入指标数量，s_1 为合意产出指标数量，s_2 为不合意产出指标数量；n 为 DMU 数量，λ 表示所对应的投入或产出元素的权重。①

第五节　农业面源污染治理效率测度模型在应用上可能存在的问题

农业面源污染治理效率测度模型是一种数学或计算机模拟工具。它基于对农业系统和环境相互作用的理解，通过建立各种关联关系和数学方程，模拟和预测农业面源污染的发生、传输和影响。在应用上，该模型可以帮助政策制定者和农业生产从业者预测和评估农业活动对土壤、水体和空气等环境的影响，并制定适当的管理和控制措施。

然而，农业面源污染模型在应用上存在着多个问题。例如，模型结构不全面可能导致模型对农业面源污染的影响没有全面反映，驱动数据难获取、用户友好性差等问题也可能影响模型的应用效果。因此，在应用农业面源污染模型时，需要认真考虑这些问题，并努力解决它们，以便为农业面源污染治理提供更加科学、精准和实用的指导。

① 张展，廖小平，李春华，等．湖南省县域农业生态效率的时空特征及其影响因素［J］．经济地理，2022，42（2）：181-189.

一、模型结构不全面

模型结构不全面意味着模型未能考虑到所有可能的污染来源和影响因素，从而导致模型的预测结果可能存在偏差和误差，因此在应用农业面源污染模型时需要谨慎。事实上，数据不完整、模型参数不准确、模型假设不完备以及模型未能考虑污染物的转移过程和不同农业系统之间的差异等，都可能导致模型结构不全面的问题。

数据不完整是导致模型结构不全面的首要原因。这是因为，农业面源污染模型需要大量的数据来支撑模型结构的建立和验证，如果数据收集和记录不完善，有时候可能会缺少必要的数据，导致模型的结构不全面。

农业面源污染模型通常基于一些假设，比如假设农业活动的影响是线性的、稳定的、可预测的等。然而，这些假设可能并不总是成立，特别是在实际情况中，农业活动的影响可能会受到很多未知或难以预测的因素的影响。

因为污染物可能会在环境中发生复杂的转移和交互作用，这可能导致模型的预测结果不准确。此外，不同的农业系统可能存在很大的差异，包括土地利用、农业管理、气候等方面。

二、驱动数据难获取

驱动数据是指模型所需的用于描述和模拟农业面源污染治理效率的因素和变量的数据。模型需要大量的数据来驱动模型的预测和评估，但如果这些驱动数据难以获得则意味着获取和收集模型所需的输入数据存在一定的困难，导致数据难以获得或不完整。究其原因，主要有以下几点：数据来源分散且多样、数据准确性问题、数据时空分辨率问题、数据共享和保护问题，此外还有数据缺失和不完整的问题。

如果模型所需数据分散在不同的部门和机构中，则难以集中获取。农业面源污染治理效率模型需要准确的数据来驱动模型的预测和评估。然而，这些数据可能存在误差和偏差，尤其是在一些数据难以测量或估计的情况下。农业面源污染治理效率模型需要具有足够的时空分辨率来驱动模型的预测和评估。然而，这些数据可能只在一些特定的时间和地点测量或记录，而无法覆盖所有的时间和空间范围。农业面源污染治理效率模型需要共享和整合不同来源的数据，但是数据共享和保护问题可能会妨碍数据的获取和整合。另外，某些关键的数据可能缺失或不完整，也可能会影响模型的准确性和可靠性。

三、用户友好性差

在应用上，农业面源污染治理效率模型的用户友好性对于模型的应用和推广至关重要。然而，模型在应用上存在用户友好性差的问题。例如，模型难以理解、投入数据太多、缺乏用户指导和支持、缺乏可视化和交互性，以及缺乏定制化和灵活性等。

农业面源污染治理效率模型是基于数学模型建立的，模型的理论基础和运行方式可能难以理解，这可能导致用户对于模型的使用和解释感到困难。模型需要大量的投入数据和参数，这可能导致用户对于数据的收集和投入感到困难，同时也可能导致参数的选择和设置出现困难。在模型的使用过程中，用户可能需要一些指导和支持，如模型的使用说明书、培训和技术支持等。然而，缺乏这些指导和支持可能导致用户难以理解和使用模型。农业面源污染治理效率模型通常需要处理大量的数据和结果，缺乏可视化和交互性可能导致用户难以理解和分析模型的结果。不同用户可能有不同的需求和问题，缺乏模型的定制化和灵活性可能导致模型无法满足不同用户的需求。

第四章　福建省农业面源污染治理效率的时空演变

本章分析了近年来福建省农业面源污染治理效率的时空演变规律。首先从福建省农业面源污染治理成果及面临的压力两方面分析了福建省农业面源污染治理现状；其次汇报了自2011年以来福建省各地市农业面源污染治理效率的时序特征，对治理效率的历史演变进行了具体分析；再次分析了福建省农业面源污染治理效率的空间特征；最后剖析了福建省农业面源污染治理效率时空演变特征的驱动因素。

第一节　福建省农业面源污染治理现状

福建省是一个农业大省，农业面源污染治理一直是该省环境保护工作的重点之一。福建省经过多年努力，在综合治理农业面源污染方面已逐渐摸索出了一条路子并取得了一定的成效，但随着工农业的发展，福建省的农业面源污染目前仍面临巨大的环境压力。

一、福建省农业面源污染治理成效

近年来，福建省的农业面源污染治理取得了显著成效。据“世界闽商网”的一篇名为《福建省农业面源污染治理渐显成效》的文章中说，截至2022年底，福建全省禁养区内共有46053家生猪养殖场需拆除，目前已完成43217家，消减生猪数量419.52万头；在禁养区外共有7524家生猪养殖场需要治理，目前已治理5703家，其中有1917家达到治理标准或零排放；全省新建了3.1万户农村户用沼气系统，建立了10个市、县级农村沼气服务中心和250个乡村沼气服务网点；全省累计建设农村户用沼气已达到58.9万口，年可产沼气约2.65亿立方米，生产沼肥约709万吨。在水土保持方面，22个水土流失治理重点县项目已于2022年全部落实，总资金达1.23亿元。此外，长汀县还成功举办了一期农业生态能源技术培训班，该县河田镇露湖村千亩板栗基地也完成了“猪—沼—果”生态治理模式示范点的建设。

在“生态省”建设方面，福建省可谓成绩斐然。早在2000年，时任福建省省长的习近平同志就提出了建设生态省的战略构想，这一构想具有超前的眼光。在过去的20多年里，历届福建省委、省政府一直在持续推进实施生态省战略，加速国家生态文明试验区的建设，福建的生态文明指数稳居国内前列，实现了机制优化、产业升级、民生改善、环境优美的目标。2023年6月2日，福建省生态环境新闻发布会公布的2022年度报告显示，2022年福建生态环境持续保持在优良水平。水质普遍好于往年，主要河流中98.7%的水质达到Ⅰ~Ⅲ类水质标准；空气质量稳中向好，9个设区城市的优良天数比例保持在优良范围，PM2.5浓度降至19微克/立方米，福州和厦门在168个重点城市中空气质量排名前列；海水水质整体良好，优良水质区域占85.8%；福建省森林覆盖率达65.12%，连续44年保持全国第一位。“清新福建”的优良形象进一步提升。总的来说，2022年福建生态环境状况仍然优良，多项指标处于全国前列。

福建省农业面源污染治理之所以取得成就，是因为福建省的政策支持和得力措施。

2018年12月27日，福建省生态环境厅和福建省农业农村厅联合发布了《福建省农业农村污染治理攻坚战行动计划实施方案》。该方案旨在通过“一保两治三减四提升”的目标和措施，于2020年实现农业面源污染治理的全面提升。福建省将采取一系列措施，包括加强政策扶持、推广先进技术、加强监管等，以实现该目标。

福建省委、省政府于2022年5月印发的《福建省深入打好污染防治攻坚战实施方案》，明确了2025年的污染控制目标，对全省主要污染物排放减少、土壤污染风险管控、城市黑臭水体消除、新污染物治理能力提升等提出了要求，即必须大幅减少各种污染物排放，严格治理土壤和水体污染。到2035年形成干净环保的生产生活方式，实现低碳发展，环境质量优越，经济社会繁荣。该方案还从强化责任、监督考核、宣传及队伍四个方面提出具体措施，四个方面合力推进，以确保环境目标任务得到落实。

福建省在《福建省农业农村污染治理攻坚战实施方案》中明确了五个任务：加快推进农村生活污水垃圾治理，建立健全污水垃圾分类处理和回收利用体系；全面整治农村黑臭水体；加强规范管理，推广绿色养殖技术，建立健全养殖废弃物资源化利用体系，减少养殖业污染；推广科学施肥、绿色防控等措施，减少化肥、农药使用量，提高土地利用效益；推广农膜回收利用技术，减少农膜对环境的污染。为了实现这些任务，福建省将采取一系列保障措施，包括强化组织领导和统筹协调，加强政策保障和监测监控，强化监督考核，以加快农村环境污染治理进程，促进农业可持续发展。

除了出台一系列关于农业面源污染治理的政策法规外，福建省政府还加大对农业面源污染治理的政策补贴力度，为农民提供更多的经济支持。例如，对农村生活污水处理设施建设给予一定的资金补贴，对农村生态公益林建设给予一定的补贴；使用生物质能源、新型肥料和农药等环保产品的农民，可以获得相应的财政补贴；实施农业面源污染治理措施的农民，也可以获得一定的财政补贴等。此外，福建省政府还加大对农业面源污染治理技术的研发和推广力度，提供科技支持，如开展农业面源污染综合治理技术研究，推广高效低排农业生产技术等。

福建省还积极推广绿色农业技术，如有机农业、精准施肥、农业废弃物综合利用等，以减少农业面源污染的产生。此外，福建省还建设了一批生态农业示范区，通过示范推广生态农业技术和管理模式，带动周边农民积极参与农业面源污染治理。

福建省种子总站于2022年3月提出，全省将至少建立360个农作物高产、优质、绿色新品种省级核心展示示范片点，面积为9.2万亩，展示评价新品种3600个（次），并建立220个优质稻品种省级核心展示示范片点，面积为6.4万亩，带动推广700万亩以上的优质稻品种，米质达到部颁二等以上高档优质稻品种，推广比例达43%以上。为此采取的措施包括拓宽展示示范作物类型、建立核心展示示范片、组织品种评价、强化绩效考核等，以推广绿色农业技术和建设生态农业示范区，促进农业产业升级。

福建省是一个农业大省，农村生活污水治理一直是影响农村发展和民生的重要问题。为了推进农村污水治理，改善农村生态环境，促进乡村振兴，福建省生态环境厅于2020年3月30日公开征求《福建省农村生活污水治理规划（2020—2030年）》修改意见，其中明确了福建省农村生活污水治理的目标和措施，以污水减量化、分类处理、循环利用为导向，到2020年全省农村生活污水治理率将达到70%以上；到2025年，率先完成集中式饮用水水源保护区内的污水治理，并基本建立农村生活污水治理长效机制。为此，福建省将加强政策支持、技术支持和监管力度，推广先进的污水治理技术和设备，建立健全的污水治理机制，提高农村生活污水治理水平。该规划的出台是福建省加强农村环境污染治理、推动生态文明建设的重要举措，将有助于提高农村环境质量。

福建省政府办公厅于2021年6月印发了《福建省农村生活污水提升治理五年行动计划（2021—2025年）》，提出到2025年全省农村生活污水治理率达到国家要求的65%以上，设施稳定运行率达到90%以上。为此，该计划将重点治理水源、流域、黑臭水体“三周边”，以及海湾、高速高铁“两沿线”和旅游重点村、乡村振兴试点村“两类重点村”的污水问题，并提出了创新的“一体化”推进模式。该计划是福建省政府为推进农村污水治理、改善农村生态环境、促进乡村振兴而采取的重要举措，将有助于确保污水治理设施的稳定运行，提高农村污水治理的效率和效果，推动乡村振兴和可持续发展。

福建省注重加强对农业面源污染的监管和执法力度，以保障农业面源污染治理的有效实施。福建省省政府办公厅于2017年3月印发的《福建省加快培育发展农业面源污染治理市场主体方案》提出，到2020年发展农业面源污染治理市场的目标和措施。根据该方案，到2020年，农业面源污染治理市场主体规模将明显扩大，社会资本投入将显著增长，一批农业面源污染治理领域的龙头企业将逐渐成长壮大。同时，农业面源污染治理产业产值将达到40亿元，年均增幅将达到20%以上。将最终基本建成全面开放、政策完善、监管有效、规范公平的农业面源污染治理市场体系。为此，福建省将制定有针对性的扶持政策，鼓励社会资本投入农业面源污染治理；推广和应用先进的农业面源污染治理技术，提高治理效果和效率；加强市场监管，规范市场秩序，压实主体责任，促进市场健康发展。

生态公益林的保护和建设已经成为福建省生态文明建设和可持续发展战略的重要组成部分。生态公益林在维护生物多样性、防止水土流失和调节区域气候等方面发挥着至关重要的作用。福建省位于中国东南部，一直在积极推进生态公益林建设，促进了土地保持和水土流失治理，减少了农业面源污染的产生。早在2001年，福建省政府就批准了由福建省原林业厅制定的《福建省生态公益林规划纲要》，将福建省的森林划分为生态公益林和商品林两大类。生态公益林的设立旨在保护环境和维护生态平衡，而商品林则用于经济发展。自此以后，福建省开始实施生态公益林保护建设工程，逐渐探索出一套生态公益林保护建设体系。

福建省于2018年11月颁布了《福建省生态公益林条例》，并于2020年发布了《福建省生态公益林区划界定和调整办法》，成为少数制定地方性法规和由省政府批准出台相关管理政策的省份之一。福建省建立了由专业人员24小时巡视每方林地的管护模式，依靠目标考核和激励机制实施。同时，还组建了运用卫星、无人机、物联网等前沿科技的智能巡护体系和管护团队，甚至从社会上吸纳专业企业。为提升林地品质，福建省采取了多重手段。比如套种闽楠、枫香等珍贵乡土阔叶树种以提高生态多样性。针对杉材线虫病问题，福建省正通过换树种和混交方式改造单一的杉树林。此外，还在生态公益林中修整防火带，通过购买及统筹管理，将具备同等生态功能但未划为生态公益林的林地进行统一收储管护。这些措施的实施，使福建省的生态公益林草木葱茏，枝叶葳蕤。福建省在森林保护方面的经验为其他地区提供了有益的借鉴和启示。在全球环境退化和气候变化等严峻挑战面前，各地应该采取有效的措施，共同保护自然生态系统，为人类创造更为美好的未来。

福建省注重加强对农业废弃物的处理，通过科技手段将废弃物进行分类、处理和利用，减少了农业废弃物对环境的污染。

福建省于 2022 年 4 月印发的《福建省农村人居环境整治提升行动实施方案》提出，将在 50 个畜牧县实施粪污资源化利用项目，并建立 100 个示范点。到 2025 年，粪污综合利用率超过 93%。同时，将深入开展秸秆资源化、提高废旧膜回收率至 85%以上、农药包装垃圾回收率至 80%以上。还将探索就地再利用农业垃圾，比如用于村内道路等建设。另外，通过再利用农业垃圾，可以减少环境污染，提高农业生产效率和可持续性。秸秆资源化、废旧膜回收与农药包装垃圾再利用等举措能有效减少农业生产对环境的影响，保护农村生态环境。

福建省于 2023 年 5 月 1 日实施的《生态环境保护条例》，要求各地大力推进畜禽粪污、农业秸秆、农膜等的综合利用，提高养殖废弃物资源化水平，加强农用物资废弃物再生利用，降低农业固体废物对环境的影响。这一要求有利于促进农业废弃物资源化，减少环境污染与破坏，提高农业生产效率与可持续性。畜禽粪污、农业秸秆、农膜等的综合利用，可以使废物变为资源，为农业生产提供有机肥料与能源，同时减少资源消耗。加强农用物资废弃物回收处理能降低其对环境的影响。该条例的出台为农业废弃物资源化提供了法律保障与政策支持，有助于推动农业废弃物资源化，促进农业可持续发展与生态环境保护。

福建省一直非常注重保护和改善水环境。福建省自 2021 年 11 月 1 日起施行的《福建省水污染防治条例》，在控制排污总量、建立联动机制、保护饮水水源和治理源头污染等方面作出了明确规定。明确了主要河流、支流及重点湖泊水质要求，建立污染联防联控机制，加强饮水水源保护等。

福建省强化农药和化肥使用管理，进一步限制高污染农药和化肥的使用，推广低污染和绿色农业技术。该省早在 2001 年 4 月就出台了《福建省农药管理办法》，旨在通过加强对农药生产、经营和使用的监督管理，保障农业安全生产和生态环境，保护人民身体健康。除此之外，《福建省农村人居环境整治提升行动实施方案》《福建省生态环境保护条例》等文件中也有相关规定。

二、福建农业面源污染的压力及对策

尽管福建省在综合治理农业面源污染方面已出台了一系列政策，采取了许多措施并取得了一定成就，但目前仍面临来自多个方面的面源污染压力，其中包括土壤污染、水体污染、畜牧业排泄物和种植业废料污染以及“白色污染”。福建省在面对农业面源污染问题时，采取了综合对策，包括加强监测和治理、推动可持续农业发展、促进资源化利用、推广环保技术和政策引导等措施，以保护农业生态环境的可持续发展。

（一）土壤污染的压力及对策

土壤污染是由于土壤中重金属、硝酸盐和亚硝酸盐等物质的积累导致的一种严重的环境问题。化肥、农药的大规模使用，尤其是氮肥的过量使用，已经对土壤和农作物的安全造成了极大的威胁。

土壤重金属污染主要是由于农业生产中使用的农药和肥料中含有大量的重金属元素，长期使用会导致这些元素在土壤中的累积，从而影响农作物的生长和品质。而硝酸盐和亚硝酸盐残留则是氮肥过量使用造成的，它们的过量累积会对土壤安全造成威胁。硝酸盐的累积对作物本身影响较小，但对人体影响较大。当硝酸盐进入人体后，经细菌作用形成亚硝酸盐，会使血红蛋白中的低价铁变为高价铁，而失去应有的功能，从而对人体造成危害。此外，亚硝酸盐还会和次级胺物质结合形成致癌物质，对人体健康造成潜在风险。同时，亚硝酸盐也是导致土壤氮肥淋溶损失的重要原因，从而导致封闭或半封闭水域的富营养化和半营养化现象，对水环境和生态环境造成危害。那么，福建省土壤污染防治办法有哪些呢?

政府在土壤污染防治工作中要担起责任和发挥作用。政府应当领导和加强土壤污染防治工作，建立协调机制，将土壤污染防治工作纳入国民经济和社会发展规划，安排土壤污染防治经费，采取有效措施来防治土壤污染。这些措施的目的是保障土壤环境的质量，从而维护人民的身体健康和生命安全。县级以上政府环保主管部门应当对本行政区域内的土壤污染防治工作实施统一监督管理，乡镇政府和街道办事处则应当配合环保主管部门及其他有关主管部门做好土壤污染防治的有关工作。这样可以确保土壤污染防治工作得到有效的监督和管理，从而更好地保障土壤环境的质量。政府应支持土壤污染防治的科学研究、技术开发及应用推广，促进土壤污染防治产业发展，开展土壤污染防治宣传教育，普及相关科学知识，提高土壤污染防治科学技术水平。这些措施可以促进土壤污染防治工作的顺利进行，保障土壤环境的质量。此外，政府应该对在保护和改善土壤环境方面取得显著成绩的单位和个人给予表彰和奖励，以鼓励更多人投入土壤污染防治工作中，从而提高土壤环境的质量。

企业和其他生产经营者要在土壤污染防治工作中负起责任和尽到义务。企业和其他生产经营者应当采取措施防止土壤污染，保护和改善土壤环境，消除土壤污染危害，并承担法律责任。政府应当鼓励企业和其他生产经营者积极参与土壤污染防治工作，并提供必要的政策和技术支持，以促进土壤污染防治工作的顺利进行。

任何单位和个人都有保护土壤环境的义务，有权对污染和破坏土壤环境的行为进行举报。有关监督管理部门应当及时处理和调查有关举报，并给予相应的反馈和回复。这样可以促进土壤污染防治工作的有效实施，保障土壤环境的质量，同时也保护了举报人的合法权益。

土壤污染防治工作需要长期坚持、全面覆盖，需要政府、企业和公众的共同参与和努力。只有通过不断的科学研究、技术创新和政策完善，才能有效地防治土壤污染，保护土壤环境，维护人民身体健康和生命安全，促进可持续发展。只有这样，才能够有效地保护土壤和环境，保障人民的健康和生态环境的可持续发展。

（二）水体污染的压力及对策

在农业生产中，过量使用化肥和农药，以及养殖废弃物不当处理，都会导致水环境污染的问题。这种污染主要表现为水体富营养化和水体重金属污染。在福建省，农药、化肥的过量使用和养殖废弃物的不当排放，已经导致了福建省的河流、近海和水库等水域的污染。此外，过度、无序地开垦山地建果园和水土流失，以及居民生活生产污水、垃圾等的排放，也对水环境造成了污染。

水体富营养化是指水中营养物质过量累积，导致水中植物和生物的生长过度，从而破坏水生态系统的平衡。这种现象通常是氮和磷等营养物质的过量投入引起的。农业生产中使用的化肥和农药含有大量的氮和磷等营养元素，这些元素在土壤中的累积和流失，都会导致水体富营养化的问题。水体重金属污染是指水中存在大量的重金属元素，这些元素对水生态系统和人体健康都具有潜在的危害。在农业生产中，使用的化肥和农药通常含有大量的重金属元素，这些元素的累积和流失，都会导致水体重金属污染的问题。

为了解决水环境污染的问题，福建省应大力作为。例如，控制化肥和农药的使用量，采用生物有机肥料和生物农药等替代品，减少农业生产对水环境的影响；加强养殖废弃物的处理和管理，控制养殖业对水环境的污染；加强生活污水和垃圾的处理，以减少这些污染物对水环境的影响；注重加强水环境监测和管理，建立健全水环境保护体系，保障水环境的安全和可持续发展。只有这样，才能够有效地解决水环境污染的问题，保护水生态环境和人民的健康。

（三）畜牧业排泄物和种植业废料污染的压力及对策

畜牧业排泄物和种植业废料的无序排放，已经成为福建省农业面源污染的一个重要因素。在某些地区，畜禽粪便的排放量甚至已经超过了居民生活、种植业、乡镇工业和餐饮业的污染物排放量，成为水源地、江河湖泊污染和富营养化的主要原因。随着养殖业的不断发展，养殖业的集约化也带来了巨大的环境污染压力。

畜禽粪便中含有大量的氮、磷等营养元素和微生物等有害物质，在无序排放的情况下，会对土壤、水体和空气造成严重的污染。而种植业废料中含有大量的农药残留和重金属元素，长期堆积会对土壤和地下水造成污染。这些污染物不仅会影响作物的生长和品质，还会对环境和人体健康造成潜在的威胁。

为了解决畜禽粪便和种植业废料的污染问题，应该采取一系列的措施。首先，应该加强畜禽养殖废弃物的处理和管理，采用科学的处理技术，将畜禽粪便转化为有机肥料，减少对环境的污染。其次，应该加强种植业废料的处理和管理，减少其对土壤和地下水的污染。再次，应该加强监管和执法，对违规排放的行为进行处罚和打击。最后，应该加强科技创新，开发新型的废弃物处理技术，提高废弃物资源化利用效率和环保效益。只有这样，才能够有效地解决畜禽粪便和种植业废料的污染问题，保障农业生产的可持续发展和环境的安全。

（四）“白色污染”的压力及对策

固体不可降解垃圾污染是当前环境问题中的一大难题。在农业生产中，固体不可降解垃圾的主要形式是地膜和其他塑料制品，也被称为“白色污染”。由于这些垃圾难以降解，会残留于土壤中，破坏土壤结构，影响农作物的发育，甚至对环境和人类健康造成潜在的危害。

农膜是一种有机高分子聚合物，在土壤中难以降解。土壤中残留的农膜会破坏耕层结构，影响土壤通气和水肥传导，对农作物的生长发育不利。即使降解，农膜也会破坏环境，危害人类健康。现有的塑料地膜和农业塑料制品降解难度大，降解周期长，需要几十年甚至上百年才能彻底降解。在城乡接合部，由于城市蔬菜、花卉的需求大，许多农民都建立薄膜大棚或地膜来种植蔬菜、花卉。许多农膜很容易破损，造成碎片残留，且不易回收，从而导致固体不可降解垃圾污染问题更为突出。

固体不可降解垃圾污染对环境和人类健康产生了深远的影响。为了解决这一问题，首先，应该加强对农膜和其他塑料制品的管理和监管，限制其使用量和种类，推广可降解和可回收的替代品。其次，应该加强对固体不可降解垃圾的分类和回收，鼓励农民采用可降解垃圾的替代品，减少垃圾的产生和对环境的影响。再次，应该加强环境保护宣传和教育，提高公众的环境保护意识和能力。最后，应该加强科技创新，研发新型的垃圾处理技术，提高垃圾的资源化利用效率和环保效益。只有这样，才能够有效地解决固体不可降解垃圾污染的问题，保护环境和人类健康。

第二节　福建省农业面源污染治理效率的时序特征

应用第三章构建的农业面源污染治理效率测度模型，测算福建省 9 个地市 2011—2021 年的农业面源污染治理效率。测算结果分两种情况进行讨论。第一种情况的不合意产出采用农业面源污染狭义指数（以下简称狭义指数），即污染物来源只包括化肥、农药和农膜的使用，面向的是种植业带来的污染排放；第二种情况的不合意产出采用农业面源污染广义指数（以下简称广义指数），即污染物来源除了包括种植业污染外，还包括农村人口生活、畜禽养殖和淡水产品养殖带来的污染。用狭义指数测算的农业面源污染治理效率值称为狭义效率值，用广义指数测算的农业面源污染治理效率值称为广义效率值。

福建省各地市自 2011 年以来农业面源污染治理效率的变化趋势如图 4-1 和图 4-2 所示。

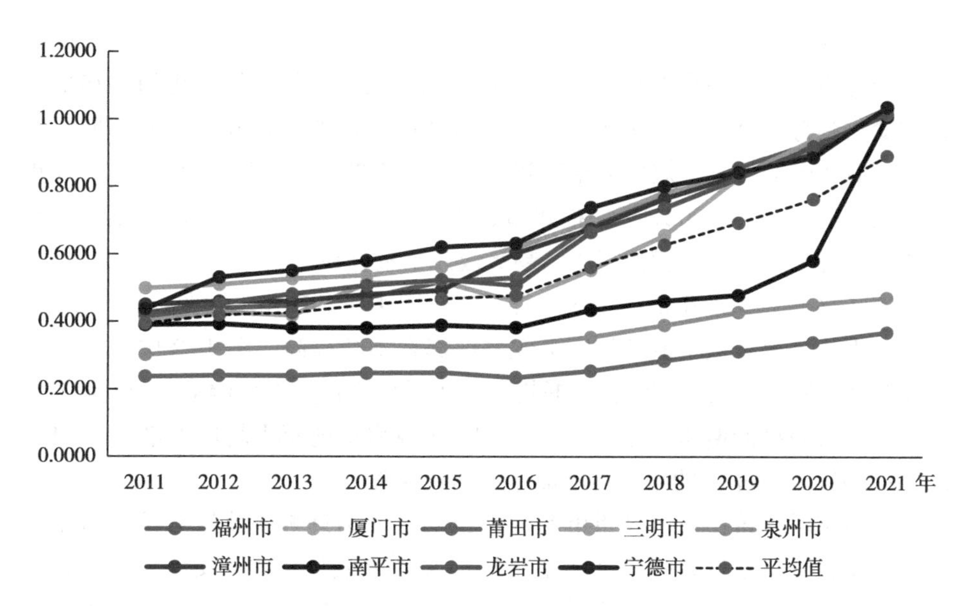

图 4-1　2011—2021 年福建省 9 个地市农业面源污染治理狭义效率值的变化趋势

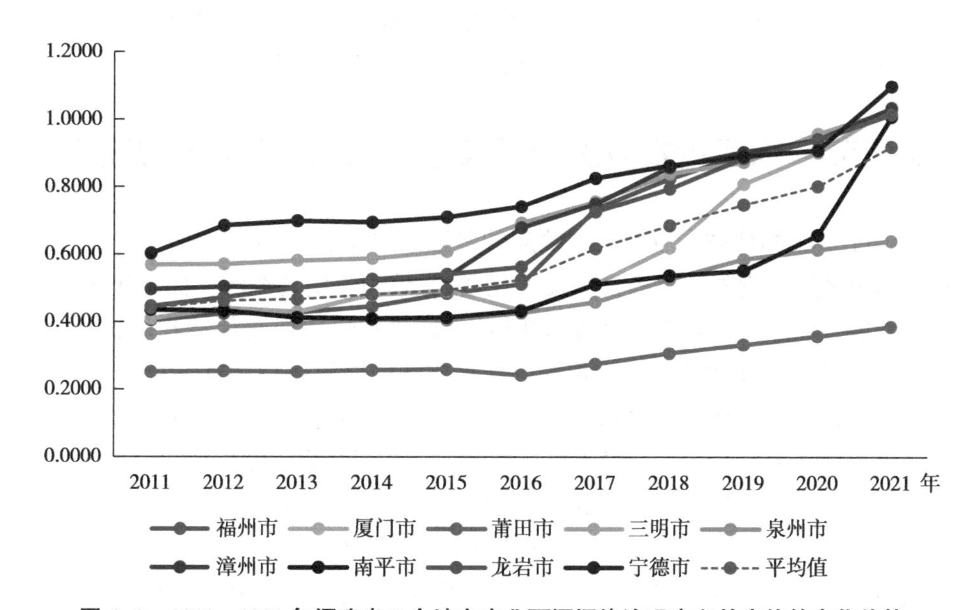

图 4-2　2011—2021 年福建省 9 个地市农业面源污染治理广义效率值的变化趋势

图 4-1 是狭义效率值的变化趋势。由图 4-1 可见，自 2011 年以来，福建省各地的农业面源污染治理效率在不断提高。从平均狭义治理效率（图中虚线）可见，2011—2016 年的效率值提高速度相对较慢，效率值的年平均增加量为 0. 017；2016—2021 年的效率值提高速度相对更快，效率值的年平均增

加量达 0.083。

分地市来看，福建省 9 个地市农业面源污染治理效率的变化趋势和平均值的变化趋势大体一致。莆田市、泉州市和南平市的治理效率在分析期间一直位于后 3 名的位置，效率值相对较低。宁德市的治理效率在 2012—2018 年都位居第一。2018—2021 年，福州市、厦门市、三明市、漳州市、龙岩市和宁德市 6 地的治理效率相差很小，趋势线几乎重叠在一起。

图 4-2 是广义效率值的变化趋势。比较图 4-1 和图 4-2 可见，自 2011 年以来，无论是狭义效率值还是广义效率值都在不断提高。图 4-2 中虚线表示的 9 个地市平均广义效率值在不断提高，年平均增长量为 0.048。2016 年依然有一个比较明显的增速变化。2011—2016 年效率值的年平均增加量为 0.017；2016—2021 年效率值的年平均增加量达到 0.079。

分地市看，莆田市、泉州市和南平市的广义治理效率值依然排在历年的后 3 名位置，只不过泉州市和南平市的广义效率值趋势线有交叉，说明相对位置发生过变化，但是差距并不是很大。但到了 2021 年，南平市的治理效率突然出现了一个很大的飞跃。宁德市的表现依然最优秀。除了 2019 年和 2020 年以外，其他年份宁德市的广义治理效率值都位居 9 个地市之首。

第三节　福建省农业面源污染治理效率的历史演变分析

2011 年，福建省在省委、省政府的坚强领导下，全面贯彻落实科学发展观，积极推进《海峡西岸经济区发展规划》，致力于实现经济、社会和环境的协调发展。在经济社会快速发展的同时，福建省环境质量保持在较优水平。12 条主要水系和集中式生活饮用水源地水质状况继续保持优良，23 个城市空气质量均达到二级标准，城市环境质量基本保持稳定，辐射环境质量保持良好，森林覆盖率继续位居全国首位，生态环境状况指数继续保持在全国前列。

在农村沼气建设方面，福建省新建了 3.1 万户农村户用沼气系统，新建了 10 个市、县级农村沼气服务中心和 250 个乡村沼气服务网点。同时，福建省还启动了 13 个大中型沼气工程，新增了 2000 名沼气维修工。累计建设农村户用沼气 58.9 万口，年可产沼气约 2.65 亿立方米，生产沼肥约 709 万吨，相当于年替代 36 万吨标准煤，减少二氧化碳排放 89 万吨，替代薪材相当于 211 万亩林地的年蓄积量，年可为农户直接增收节支 4.75 亿元。在水土保持方面，福建省初步落实了 22 个水土流失治理重点县项目资金 1.23 亿元，举办了一期 22 个水土流失治理重点县农业生态能源技术培训班，完成了长汀县河田镇露湖村千亩板栗基地“猪—沼—果”生态治理模式示范点建设。

自2013年起，通过生态文明先行示范区建设，福建省生态农业得到了新的发展机遇。2016年，中共中央办公厅、国务院办公厅印发了《国家生态文明试验区（福建）实施方案》，该方案为福建省的生态文明建设提出了明确的目标和任务。根据该方案，福建省试验区要充分发挥其生态优势，突出改革创新，坚持解放思想、先行先试，以率先推进生态文明领域治理体系和治理能力现代化为目标。为了进一步改善生态环境质量、增强人民群众的获得感，福建省试验区要集中开展生态文明体制改革综合试验，重点是构建产权清晰、多元参与、激励约束并重、系统完整的生态文明制度体系。福建省试验区还要努力建设机制活、产业优、百姓富、生态美的新福建，为其他地区探索改革路径，为美丽中国建设做出应有贡献。在此背景下，福建省生态农业得到了迅速的发展。福建省政府采取了一系列积极的措施，例如加强生态保护与修复、推进农业生态化改革、发展绿色农业、提高农民收入等。福建省在生态文明建设方面取得了显著成效，为全国其他地区提供了重要的借鉴和参考。未来，福建省将继续积极推进生态文明建设，推进农业生态化改革，发展绿色农业，促进农民收入增加，为建设美丽中国贡献力量。

总的来看，福建省农业面源污染治理效率的历史演变体现在治理力度不断加强和总体效率不断提高、区域治理效率差异性不断缩小、治理重点不断转变、多元主体参与度提高、手段由行政转向技术与市场、治理理念更新迭代等几个方面。

一、治理力度不断加强和总体效率不断提高

福建省农业面源污染治理的效率在不断提高。一方面，福建省政府针对农业面源污染问题采取了一系列积极的措施，包括加强污染源头治理、提高农业生产的“绿色化”水平、探索农业废弃物资源化利用等。这些措施有助于减少农业面源污染的排放，提高污染治理的效率。另一方面，福建省政府还加大了农业面源污染治理的力度。例如，福建省政府对农业面源污染治理的投入不断增加，通过加强监管、加强技术支持、推广污染治理技术等方式，提高了治理的效率。同时，福建省政府还通过建立农业面源污染防治长效机制、加强信息公开、强化社会监督等措施，进一步提高了治理的效率。

福建省农业面源污染治理的效率在不断提高，得益于福建省政府的积极措施和治理力度的不断加强。未来，福建省还需不断创新和完善农业面源污染治理的措施和机制，进一步提高治理的效率，减少污染对生态环境的影响，

保护好福建省的生态环境。

二、区域治理效率差异性不断缩小

由于不同地区的经济发展水平、农业生产结构、农业污染排放情况等不同，福建省不同地市的农业面源污染治理效率存在一定的差异性。一些经济相对落后、农业生产结构单一的地区，治理效率较低，而一些经济发达、农业生产结构多样化的地区，治理效率较高。

随着福建省政府对农业面源污染治理的投入不断增加，治理技术不断改进，农民生态意识不断提高，农业面源污染治理效率在不同地区之间逐渐趋于一致。一些原本治理效率较低的地区，通过加强技术支持和推广污染治理技术等方式，取得了较大的治理进展，治理效率得到了提高。同时，一些原本治理效率较高的地区，也面临着治理成本增加、治理难度加大等问题，治理效率略有下降。

因此，福建省农业面源污染治理效率的区域差异性在治理初期先扩大后缩小，这是一个普遍的趋势。未来，福建省政府还需进一步加强对农业面源污染治理的投入，创新和完善治理技术和机制，进一步提高治理效率，实现各地区农业面源污染治理效率的均衡发展。

三、治理重点不断转变

在农业面源污染治理初期，福建省政府主要采取了加强监管和加强技术支持的方式，以减少农业面源污染的排放。加强对农业面源污染物的监管和管理，建立健全的农业面源污染监测体系，及时发现和掌握农业面源污染的情况，为农业面源污染的治理提供科学依据和技术支持。通过加强监管和技术支持，提高农业面源污染监测和评估的水平，及时发现和控制农业面源污染物的排放，为农业面源污染治理提供科学依据和技术支持。

在治理中期阶段，福建省政府开始注重提高农业生产的“绿色化”水平，推广绿色农业技术，探索农业废弃物资源化利用等方式，以减少农业面源污染的产生。推广科学合理的农业生产方式，减少化肥、农药等农业面源污染物的使用。加强对农药、肥料等农业面源污染物的管理和监管，严格限制高毒、高残留农药的使用，促进农业生产的绿色化、生态化和循环化。提高绿色化治理水平，可以减少农业面源污染物的排放，提升农业生产的质量和效益，保护农业生态环境和人民身体健康。

在治理后期阶段，福建省政府在进一步加强污染治理力度的同时，着重调整农业生产结构，大力推广生态农业技术，广泛开展生态农业文明先行示范区建设，并不断创新和完善相关技术和机制，促进生态保护，减少农业面源污染的产生。通过农业生态文明建设，提高农业生态环境的质量，逐步提高了农业生态文明水平。

福建省农业面源污染治理的重点在不同阶段有所转变，这些变化主要是根据当时的情况和需要进行调整和优化的，反映了福建省政府不断探索和创新的精神。事实上，加强监管和技术支持、提高绿色化治理水平、农业生态文明一直是农业面源污染治理的重要组成部分，这三个方面的工作必须相互协调、相互支持，才能够实现农业面源污染治理的长期效果。未来，福建省政府还将创新和完善生态农业的技术和机制，在进一步提高污染治理效率的同时，实现生态农业的可持续发展。

四、多元主体参与度提高

福建省农业面源污染治理效率的提高得益于多元主体的参与度不断提高。福建省政府积极推动多元主体参与农业面源污染治理，包括政府部门、社会组织、企业和农民等。

政府部门是农业面源污染治理的主要责任方和推动者。福建省政府通过加强污染源头治理、加强监管、推广绿色农业技术等方式，提高了农业面源污染治理的效率。同时，福建省政府还积极鼓励社会组织、企业和农民等多元主体参与农业面源污染治理。社会组织作为公益组织，能够发挥专业技术和社会资源优势，参与农业面源污染治理的宣传、监督和评估等工作。企业作为农业生产的重要参与者，也应承担自身的环保责任，推广绿色农业技术，减少污染排放。农民则是农业生产的主体，应加强生态环保意识的培养，积极参与农业面源污染治理，并采取绿色、可持续的农业生产方式，以有效减少污染排放。

多元主体参与农业面源污染治理，可以形成政府、企业、社会组织和农民等各方的合力，共同推动治理工作的开展，提高治理的效率和成效。未来，福建省政府还需继续提升各方参与度，形成全社会共治的格局，共同保护好福建省的生态环境。

五、手段由行政转向技术与市场

福建省在农业面源污染治理初期主要采用行政手段，如加强监管、制定政策、设立罚则等方式，来约束农业生产者的行为，减少农业面源污染的排放。然而，这些行政手段存在成本高、效果难以保证等问题。随着科技的不断进步和市场机制的不断完善，福建省政府开始注重技术和市场手段的应用。例如，政府鼓励农业生产者采用绿色农业技术，推广生态农业、有机农业等。同时，政府还通过市场机制，如建立农产品质量安全监测和溯源体系、建立农业面源污染责任保险等，推动农业生产者自觉遵守环保法律法规，提高农业生产的环保意识和责任意识。这些技术和市场手段不仅能够有效减少农业面源污染的产生和排放，还能够促进农业生产方式的转型升级，提升农产品的质量和安全性，同时也能够为农业生产者带来更大的经济收益。

福建省在农业面源污染治理方面的手段由行政转向技术和市场，是一个必然趋势。未来，福建省政府还需继续加强技术和市场手段的应用，推动农业生产方式的转型升级，实现农业生产和生态环境的可持续发展。

六、治理理念更新迭代

福建省在农业面源污染治理早期，主要采用末端治理的方式，即采取控制排放、污染物处理等手段来减少农业面源污染的影响。然而，这种治理方式存在成本高、效果有限等问题。

随着治理实践的深入，福建省政府开始注重从源头上预防污染的产生，即采取绿色发展、生态农业等方式，鼓励农业生产者采用环保技术，减少农业面源污染的产生。同时，政府还注重加强环境监管、落实环保责任等方面的工作，推进治理工作的全面深入。福建省政府探索建立长效机制，即将农业面源污染治理工作纳入经济社会发展的长期规划中，加强政策引导和资金保障，建立责任追究机制，推动农业生产绿色发展和可持续发展。

这些更新迭代的治理理念，反映了福建省政府在治理农业面源污染问题上的不断探索和创新。未来，福建省政府还需不断更新治理理念，及时应对新情况、新问题，推进农业面源污染治理工作的持续发展。

第四节　福建省农业面源污染治理效率的空间分异

我国农业面源污染严重的区域主要分布在东部沿海经济发达地区，低污染集聚区域主要集中在东北和西部经济欠发达地区。由于这些不同地区存在较大差异，以及农业生产效率、清洁能源技术、产业结构优化、环境治理投资是降低农业面源污染的重要因素等，因此在治理农业面源污染时应当充分考虑到各地区之间的差异，制定符合各地实际的农业面源污染防治措施，并强化薄弱环节的治理，以提升乡村生态环境质量，促进农业农村现代化建设。

具体到福建省，该省农业面源污染治理效率的区域空间分异，主要表现在全省东西区域、城镇化地区与偏远地区、主要农产区与一般农区、经济发达地区与欠发达地区等方面的差异。

一、全省东西区域的差异

福建省位于我国东南沿海地区，东西地形差异明显，气候、土壤、水文等自然条件也存在较大差异，这直接影响了农业面源污染治理的效果。

福建省东部地区地形平坦，气候温暖湿润，多年降雨量较大，农业面源污染治理相对较容易实现。此外，福建省东部地区的经济发展比较快，社会资源充足，政策引导和技术支持相对较好，也有利于农业面源污染治理工作的开展。因此，这些地区的治理效率相对较高，治理成效也相对明显。相比之下，福建省西部地区地形复杂，气候干燥，多为山区和丘陵地带，农业生产分散，农业面源污染治理难度较大。部分地区经济欠发达，政策引导和技术支持相对不足，这也限制了治理工作的开展。因此，这些地区的治理效率和治理成效相对较低。

针对福建省东西部地区的差异，福建省政府采取了差异化的治理策略。在东部地区，政府加强技术支持，推广绿色农业技术，提高农业生产者的环保意识和责任意识等，以促进农业面源污染治理工作的全面开展。在西部地区，政府加大投入力度，加强政策引导，推进农业生产方式转型升级，加强技术支持等，以提高治理效率和治理成效。

二、城镇化地区与偏远地区的差异

城镇化地区的经济发展比较快，土地利用多为城市和工业用地，农业生产规模相对较小，农业面源污染治理工作相对容易实现。此外，城镇化地区的环保设施建设相对完善，因此城镇化地区的农业面源污染治理效率相对较高。相比之下，偏远地区交通不便，多为山区和丘陵地带，这也限制了农业面源污染治理工作的开展。因此，偏远地区的农业面源污染治理效率相对较低。

福建省政府为了解决偏远地区的农业面源污染治理难题，采取了多项措施，其中包括加强技术支持、推广绿色农业技术等。这些措施的实施促进了农业面源污染治理工作的全面开展。同时，政府还增加了环保设施建设的投资、建立了责任追究机制等方面的工作。

三、主要农产区与一般农区的差异

福建省主要农产区的经济发展比较快，总的来说这里农业面源污染治理效率相对较高。相比之下，福建省一般农区农业生产分散，另外这些区域多为农村和小城镇，农业面源污染治理效率相对较低。

为解决一般农区的农业面源污染治理难题，福建省政府采取了一系列措施，来促进农业面源污染治理工作的全面开展和提高治理效率和治理成效。未来，福建省政府还将继续加大投入力度，全面提高福建省主要农产区和一般农区的农业面源污染治理效率。

四、经济发达地区与欠发达地区的差异

福建省经济发达地区的农业生产规模相对较小，农业面源污染治理相对容易实现。此外，这些地区的环保设施建设相对完善，因此农业面源污染治理效率相对较高。相比之下，福建省经济欠发达地区农业生产分散，总的来说农业面源污染治理效率相对较低。

第五节　福建省农业面源污染治理效率时空演变特征的驱动因素

农业面源污染治理效率的时空分异特征主要体现在地域差异、季节变化、农业实践差异、政策和管理措施、农民意识和参与程度等方面。因此，为了提高农业面源污染治理效率，需要考虑不同地区的特点和实际情况，制定有针对性的政策和措施，加强技术支持和培训，提高农民的环保意识和参与程度，并加强监管和评估工作，以实现农业面源污染的有效治理。

针对福建省农业面源污染治理效率的时空分异特征，可以从福建省的地形地貌的依赖性、经济发展的区域性、城乡接合部的效应、主导产业的影响、区域差异性聚合、治理力度的依赖性等几个方面进行分析。

一、地形地貌的依赖性

所谓“地形地貌依赖性”，是指不同地形地貌类型对农业面源污染治理产生的不同影响。这些地形地貌的依赖性特征对于环境管理、资源利用和灾害防控具有重要指导意义。了解地形地貌特征，有助于更好地理解自然环境和开展相关的科学研究和决策。福建省地形地貌复杂，包括山区、平原和丘陵

地区，这些地形地貌类型对农业面源污染治理的影响不同。

（一）山区的挑战

福建省的山区地势险峻，水资源相对不足，土壤质量较差，这些因素都给农业面源污染治理带来了挑战。山区地区水资源匮乏，灌溉条件较为困难，这就导致了农业面源污染的加剧。另外，山区的土壤质量较差，容易受到化肥、农药等农业面源污染物的污染，这也增加了治理难度。

为了解决山区地区的农业面源污染问题，需要采取一系列措施。首先，可以通过优化农业结构，减少化肥、农药等农业面源污染物的使用。其次，可以推广生态农业，通过生态种植、有机肥料等方式改善土壤质量。最后，还可以加强山区水资源的管理和保护，提高灌溉效率，减少农业面源污染。

（二）平原和丘陵地区的优势

平原和丘陵地区的地形地貌对污染治理有一定的优势。与山区相比，平原和丘陵地区水资源相对充足，土壤肥沃，这些因素为农业面源污染治理提供了条件优势。在这些地区，可以通过合理利用水资源，实现农业生产和污染治理的双赢。例如，可以采用滴灌、喷灌等节水灌溉技术，以及通过改良土壤、推广有机农业等方式，减少污染物排放。

（三）土地资源分布的影响

福建省的土地资源分布不均，这也对农业面源污染治理产生了影响。在土地资源相对匮乏的地区，农民为了获得更高的产量，常常会过度使用化肥、农药等农业面源污染物，导致污染加剧。而在土地资源相对充足的地区，农业生产可以更加科学、合理。

要解决土地资源分布不均带来的影响，可以利用土地规划，实现农业生产和土地资源的协调发展；也可以通过推广科学种植技术，减少农业面源污染物的使用；还可以通过提高农民的环保意识，引导他们科学种植、合理使用农业面源污染物，减少污染排放。

二、经济发展的区域性

经济发展的区域性特征是指不同地区在经济发展方面所呈现出的特点和差异。这些区域性特征并非孤立存在，它们相互影响和交织在一起。不同地区的经济发展状况受到多种因素的综合影响。因此，为了促进经济发展的区域平衡，需要制定差异化的政策和措施，充分利用各地区的资源禀赋和优势，同时关注减少城乡差距、改善基础设施和交通条件、提高教育水平等方面的发展。福建省的经济发展水平不均，这意味着不同地区的农业面源污染治理面临着不同的挑战。下面将从几个方面对福建省经济发展的区域性特征进行分析。

（一）经济发达地区的特点

福建省经济发达地区农业生产规模相对较小，这意味着相对较少的农业面源污染物排放，从而使农业面源污染治理相对容易实现。此外，经济发达地区的农业生产技术和管理水平较高，农民环保意识也相对较强，这些因素也有助于农业面源污染治理的实施。

（二）经济欠发达地区的挑战

相比经济发达地区，经济欠发达地区的农业生产分散，农民环保意识相对较低，这些因素都给农业面源污染治理带来了较大的挑战。由于农业生产分散，农业面源污染物的排放也分散，治理难度较大。同时，由于农民的环保意识相对较低，他们往往会过度使用化肥、农药等农业面源污染物，造成了污染加剧。

为了解决经济欠发达地区的农业面源污染治理问题，可以通过加强农民环保意识教育，通过科学的方法引导他们减少污染排放；也可以通过农业生产集约化、规模化等方式减少污染物排放；还可以通过政府和社会力量的支持，提高农业生产技术和管理水平，推广环保型农业生产方式，促进经济欠发达地区的农业面源污染治理。

三、城乡接合部的效应

城乡接合部是城市和农村之间的过渡地带，具有一些独特的效应特征。首先，城乡接合部在经济上呈现出双重效应。一方面，城市的经济发展和市场需求带动了接合部地区的农业现代化、农村工业化和农村商业化，促进了农村经济的转型升级。另一方面，农村的劳动力和资源向城市流动，形成了城市的人口和产业扩张效应，推动了城市经济的增长。其次，城乡接合部在社会文化上呈现出融合与碰撞的特征。城市和农村之间的交流和互动加强了社会文化的交融，城市的价值观念、生活方式、教育和医疗资源等逐渐渗入农村，而农村的传统文化和生活方式也对城市产生一定的影响。这种双向的文化交流既促进了城乡居民的相互理解和认同，也带来了一些文化冲突和矛盾。最后，城乡接合部还表现出环境效应的特点。随着城市扩张和农业现代化的推进，城乡接合部地区面临着环境污染、生态破坏和资源压力等问题。城市的工业排放、交通拥堵以及农业面源污染等对城乡接合部地区的环境产生负面影响。同时，城乡接合部也是生态保护和资源利用的重要区域，需要通过科学规划和有效管理来实现城乡融合和可持续发展。

福建省的城乡接合部是农业面源污染治理的重要区域。城市周边地区的农业生产活动对环境的影响比较大，农业面源污染治理也相对困难。但是，城市周边地区的环保设施建设相对完善，有利于农业面源污染治理工作的开展。下面将从几个方面对福建省城乡接合部的效应特征进行分析。

（一）城乡接合部污染治理面临的挑战

城乡接合部污染治理面临的挑战主要来自农业面源污染。城市周边地区的农业生产活动相对集中，农业面源污染也相对较为严重。由于城市周边地区的土地资源相对有限，农民常常会过度使用化肥、农药等农业面源污染物，导致污染加剧。同时，城市周边地区的农业生产活动也容易受到城市化进程的影响，如土地利用转型、环境污染等，这也会给农业面源污染治理带来挑战。

（二）城乡接合部的治理优势

城乡接合部的治理优势主要体现在环保设施建设、政策引导和技术支持等方面。城市周边地区的环保设施建设如污水处理厂、垃圾处理设施等，可以为农业面源污染治理提供一定的支持。在政策引导方面，政府可以通过财政补贴、税收优惠等方式，引导农民采取环保型农业生产方式，减少污染排放。在技术支持方面，政府可以组织专家团队开展技术指导，推广环保型农业生产技术。

（三）城乡接合部的治理策略

针对城乡接合部的农业面源污染治理，可以采取一系列策略。例如，可以通过加强环保意识教育，引导农民科学种植、合理使用农业面源污染物；可以通过政策引导和财政支持，提高环保设施建设水平，促进城乡接合部的农业面源污染治理；还可以通过强化监管和执法力度，加强对农业面源污染行为的惩戒力度，提高违法成本，减少农民过度使用农业面源污染物的行为。

四、主导产业的影响

主导产业是指在某个地区或国家经济中起主导作用、对经济发展起到决定性影响的产业。主导产业的性质和特点会对该地区或国家的经济、社会和环境产生广泛的影响。福建省素有“南方水果之乡”和“茶树品种王国”的美誉，茶、菜、果、菌等园艺作物均在全国占有重要位置。主要农产区的农业生产规模相对较大，农业面源污染也相对较严重，但由于主导产业的技术和管理水平相对较高，农业面源污染治理效率也相对较高。而一般农区的农业生产规模相对较小，农业面源污染相对较轻，但由于主导产业的技术和管理水平相对较低，农业面源污染治理效率也相对较低。下面将从几个方面对福建省主导产业影响的特征进行分析。

（一）主导产业的污染治理水平

福建省农业方面的主导产业主要包括畜牧业、水产业，以及茶叶、水果产业等。这些主导产业对环境的影响比较大，也是农业面源污染的主要来源。在农业面源污染治理方面，不同主导产业的治理水平也存在差异。例如，畜牧业的农业面源污染主要来自养殖废弃物的排放，而水产业的农业面源污染则主要来自水产养殖过程中的废水排放。茶叶、水果产业的农业面源污染相对较轻，但由于茶树和果树生长过程中需要施用化肥、杀虫剂等农业面源污染物，也会对环境造成一定的影响。

（二）农业主导产业的治理技术和管理水平

农业主导产业的治理技术和管理水平对农业面源污染治理效率也有很大的影响。在畜牧业和水产业等主导产业中，一些现代化的养殖和水产养殖技术可以减少农业面源污染物的排放，同时，规范的管理和监管也可以减少污染的发生。而在茶叶、水果产业中，有机茶叶生产技术的推广可以减少农业面源污染物的使用。同时，加强茶园管理和监管也可以减少污染的发生。

（三）农业主导产业的治理策略

针对主导产业的农业面源污染治理，可以通过加强监管和执法力度，加强对主导产业中农业面源污染行为的惩戒力度，提高违法成本，减少农民过度使用农业面源污染物的行为。可以推广环保型畜牧业、水产业，以及茶叶、水果产业等主导产业，提高主导产业中的环保意识和技术水平，促进农业面源污染治理的实施。

五、区域差异性聚合

区域差异性聚合是指不同地区在经济、社会、文化等方面存在明显的差异并呈现出相对集中的特征。其主要特征包括经济发展水平的差异、社会发展水平的差异、文化和生活方式的差异，以及基础设施和公共服务的差异。了解和应对这些差异，对于促进区域均衡发展、推动社会进步具有重要意义。

福建省不同地区的农业面源污染治理存在差异性聚合特征。这与地区经济发展水平、农业发展水平、政府投入和环保意识等因素有关，应采取相应的措施。

（一）地区经济发展水平

福州市、厦门市等经济发达地区的经济水平较高，农业面源污染治理的投入和管理水平也相对较高，因此农业面源污染治理效率相对较高。而泉州市、漳州市等经济欠发达地区的经济水平相对较低，政府投入和管理水平也相对较低，因此农业面源污染治理效率相对较低。

（二）农业发展水平

农业发展水平也是影响不同地区农业面源污染治理效率的重要因素。福建省的农业发展主要集中在福州市、厦门市等地，农业生产规模较大，面临的农业面源污染问题也相对较为严重，因此污染治理效率比较高。而在泉州市、漳州市等经济欠发达地区，政府投入和管理水平也不够充分，因此农业面源污染治理效率相对较低。

（三）政府投入和环保意识

政府投入和环保意识也是影响不同地区农业面源污染治理效率的重要因素。福州市、厦门市等经济发达地区政府投入和环保意识较强，农业面源污染治理的投入和管理力度较大，推广先进的农业生产技术和管理模式，因此农业面源污染治理效率相对较高。而泉州市、漳州市等经济欠发达地区由于政府投入和环保意识相对较弱，农业面源污染治理效率相对较低。

（四）不同地区的治理措施

针对福建省不同地区农业面源污染治理存在的差异性聚合特征，应采取一系列措施。比如，加强环保意识教育，引导农民减少污染排放；加强政府投入和管理力度，加强对农业面源污染行为的监管和执法力度，提高违法成本，减少农民过度使用农业面源污染物的行为；加强技术创新和示范引导，推广现代化的农业生产技术和管理模式，提高农业面源污染治理的效率。同时，应该根据不同地区的特点和治理需求，制定相应的治理策略，如在经济欠发达地区加大政府对农业面源污染治理的投入和管理力度，提高环保意识，促进农业面源污染治理的实施；在经济发达地区加强环保法规和政策的制定和实施，鼓励企业和农民采用先进的农业生产技术和管理模式。另外，还可以加强跨区域合作，通过区域间的技术交流和经验分享，提高各地农业面源污染治理的效率和水平。

六、治理力度的依赖性

农业面源污染的治理力度存在一定的依赖性特征。治理力度的依赖性特征主要体现在政府政策和法律法规的支持、科技进步和技术支持，以及农民的意识和行动等方面。政府在制定和实施相关政策时，对农业面源污染的治理给予了重要的关注和支持。科技创新和技术进步为农业面源污染治理提供了新的手段和解决方案。由此可见，只有各方面的协同作用和相互依赖，才能够实现农业面源污染的有效治理和可持续发展。

福建省不同地区的农业面源污染治理效率与治理力度密切相关。政府加大投入力度、加强技术支持、建立责任追究机制、加强政策引导和监管等都有助于提高农业面源污染治理效率。因此，政府的治理力度对各地区的农业面源污染治理效率也具有重要的影响。为了提高农业面源污染治理效率，政府需要继续加大投入力度，建立更加完善的责任追究机制及政策引导和监管体系，不断提升农业面源污染治理的能力和水平，以保护环境、促进农业可持续发展。

（一）政府投入力度

政府投入是农业面源污染治理的重要保障。政府对农业面源污染治理的投入越大，治理效率也就越高。福州市、厦门市等经济发达地区政府投入力度较大，采取了一系列措施，如修建污水处理设施、推广农业生产管理技术、加强监管执法等，因此农业面源污染治理效率较高。而莆田市、南平市等经济欠发达地区政府投入相对较少，因此农业面源污染治理效率较低。

（二）技术支持

技术支持也是农业面源污染治理的重要保障。政府在农业面源污染治理中，可以通过加强科技研发和技术示范等方式，提供技术支持，指导农民减少污染排放。福州市、厦门市等经济发达地区在技术支持方面投入较多，推广了一批现代化的农业生产技术和管理模式，因而其污染治理效率较高。

（三）建立责任追究机制

建立责任追究机制是农业面源污染治理的重要手段。政府可以通过制定相应的法律法规和政策，明确责任主体和责任范围。宁德市、三明市、福州市等地区建立了有效的责任追究机制，加强了对农业面源污染行为的监管和执法力度，因此污染治理效率相对较高。

（四）政策引导和监管

政策引导和监管也是农业面源污染治理的重要手段。政府可以制定相应的政策和标准。同时，政府还可以通过加强监管，对农业面源污染行为进行规范和约束，提高治理效率。福州市、厦门市等经济发达地区在政策引导和监管方面投入较多，制定了一批鼓励农民科学种植、减少农业面源污染排放的政策和标准，并加强了对农业面源污染行为的监管和执法力度，因此治理效率较高。

第五章　福建省农业面源污染治理效率的影响因素分析

本部分探讨农业面源污染治理效率的影响因素和影响机理。首先依据公共管理理论和农业经济学理论，在相关文献回顾的基础上提出农业面源污染治理效率的影响因素及影响机理；其次以农业面源污染治理效率为被解释变量，以影响因素为解释变量构建实证分析模型，展开实证分析；最后对实证结果进行分析。

第一节　农业面源污染治理效率影响因素的理论分析

影响农业面源污染治理效率的因素很多，从不同角度出发对影响因素进行分类的结果也不一样。例如，可以按照污染治理行为主体的不同把影响因素分为三类。第一类关注政府作为治理行为主体的影响因素，如财政分权（陈明，2014；张玉和李齐云，2014；施本植和汤海滨，2019）、环境规制（Li 等，2019；李国祥和张伟，2019）、政府财政压力（包国宪和关斌，2019）、环保约谈（吴建祖和王蓉娟，2019）和地方政府补贴（刘相锋和王磊，2019）等。第二类关注企业作为治理行为主体（Lanoie 等，2011；Yuan 和 Xie，2014）的影响因素，如企业环保意识（解学梅等，2015）和技术创新（王鹏和谢丽文，2014；史建军，2019）等。第三类关注公众作为治理行为主体（Di 和 Wang，2010；Liao 和 Shi，2018）的影响因素，如公众认知（张玉和李齐云，2014）、公众环境监督和参与（蓝庆新和陈超凡，2015；张国兴等，2019）等。

在本书中，我们从更宏观的层面——经济、政治、文化、社会四个维度出发，分析农业面源污染治理效率的影响因素。

第一类是经济因素。描述环境质量与经济增长之间关系的理论模型最为著名的就是环境库兹涅茨曲线，该模型由经济学家库兹涅茨于 1974 年提出。环境库兹涅茨曲线的理论含义是，随着一个国家（或地区）经济的增长，环境质量会先恶化后改善。在经济起步阶段，环境副作用较小，环境质量相对较好。随着经济的快速增长，环境副作用逐渐增加，导致环境质量下降。然而，当经济发展到一定阶段，人们开始关注环境问题，采取环保政策和技术措施，使环境质量得到改善。

第二类是政治因素。20 世纪 50—70 年代，面对日益严重的环境生态危机，一些西方发达国家采用政府干预的手段治理环境，通过“命令—控制”方式推进环境治理。[①]“命令—控制”方式是指通过政府的法律法规和行政手段，对环境污染和资源利用进行限制和监管。其理论含义是通过制定强制性的环境法规和政策，对污染源和资源利用进行约束和管理，以达到环境质量改善和可持续发展的目标。之所以采用“命令—控制”方式治理环境，一方面，是因为环境问题不仅具有跨界性和全球性，而且涉及多个利益相关方。通过这种方式，政府可以行使权力，制定环境法规和政策，对环境污染和资源利用进行限制和监管，确保各方遵守环境规定。另一方面，是因为市场机制存在信息不对称、外部性和公共物品等问题，无法有效应对环境问题。因此，政府希望通过“命令—控制”方式来纠正市场失灵，实现环境保护的目标。

第三类是文化因素。文化因素对环境治理的影响主要体现在公众的环保意识上。随着环境问题的日益严重，公众对环境保护的关注度不断提高。公众环保意识的提高，对环境治理产生了以下几方面的影响：一是促进环境治理政策的制定和执行。公众环保意识的提高，对政府环保政策的制定和执行提出了更高的要求和期望，促使政府更加重视环境保护。政府为了回应公众的需求，需要更加积极地制定和执行环保政策，推进环境治理的进程。二是促进企业环保责任的落实。公众环保意识的提高，对企业环保责任的要求会越来越高。企业为了满足公众的期望，需要更加积极地研发和应用环保技术，落实环保责任，减少对环境的污染和破坏。三是促进环境教育和宣传的开展。公众对环境问题的关注度提高，对环保知识的需求也会越来越大。为了满足公众需求，政府和社会组织需要更加积极地开展环境教育和宣传，提高公众的环保意识和环保素养。

第四类是社会因素。社会因素是指社会变迁对环境治理的影响。广义的社会变迁包含了经济、政治和文化等方面的变化，这里仅指狭义的社会变迁，主要包括人口规模和结构的变化，人们的生活方式、社会价值观的变迁等方

---

① 张锋．环境治理：理论变迁、制度比较与发展趋势［J］．中共中央党校学报，2018，22（6）：101-108.

面。首先，人口规模的增加和人口结构的变化对环境治理产生直接影响。随着人口的增加，对能源、水资源和土地等资源的需求也增加。这会导致资源的过度开发和利用，进而加剧环境污染和生态破坏。人口年龄结构、城乡结构等的变化也会对环境产生影响。例如，城镇居民和农村居民的消费习惯和生活方式不同，对资源的需求和环境的影响也不同。其次，人们生活方式的改变对环境治理产生重要影响。随着经济发展，人们的生活水平提高，消费能力增强，生活方式也发生了变化。例如，人们越来越依赖汽车出行，导致更严重的空气污染；人们消费量的增加，意味着更多的资源消耗和更多的污染物排放。最后，社会价值观的变迁对环境治理产生深远影响。随着社会的进步和发展，人们开始重视环境的可持续性和生态平衡，强调绿色发展和生态文明。这种变迁促使政府、企业和个人更加重视环境保护，制定和执行更加严格的环境法规和政策，推动绿色技术的研发和应用，鼓励绿色消费和低碳生活。

根据上面的分析和环境治理理论，同时参考相关研究文献，并在考虑数据可得性限制等约束基础上①，本章最终选择确定如下影响因素：

（1）经济发展水平。用不变价格的“农民人均可支配收入”的对数表示农村经济发展水平。

（2）产业结构。用“第一产业产值占地区生产总值”的比重表示。

（3）人口因素。包括乡村人口规模和城乡人口结构两个方面。用“乡村人口数”衡量人口规模，用“城镇化率”衡量城乡人口结构。在农村生活的人口数量越多，来自农民生产、生活过程中所产生的污染物总量就越多，造成的农业面源污染也就会更严重。城镇化率越高，意味着农村人口比重越低，由农村人口经济活动造成的农业面源污染就会减轻。

（4）政府投入。用不变价格的一般公共预算支出中“节能环保支出”项表示。

第二节　影响因素分析模型和实证数据说明

一、分析模型

面板数据回归模型是一种用于分析面板数据（即横向和纵向两个维度的

① 王兵，吴延瑞，颜鹏飞．中国区域环境效率与环境全要素生产率增长［J］．经济研究，2010，45（5）：95-109+105.

数据）的统计模型。根据模型的基本原理，构建如下农业面源污染治理效率影响因素面板数据回归模型：

$$\ln(\rho_{it}) = \alpha_i + \gamma t + \beta_1 ln(Y_{it}) + \beta_2 Urban_{it} + \beta_3 ln(Pe_{it}) + \beta_4(Stru_{it}) + \beta_5 \ln(Ex_{it}) + \varepsilon_{it}$$

$$i = 1，2，\cdots，9；t = 2011，2012，\cdots，2021 \quad (5-1)$$

式中，ρ_{it} 表示 i 地在 t 年的农业面源污染治理效率值，分两种情况：一是狭义效率值，仅指农用化肥、农药和农膜使用带来的面源污染治理效率值；二是广义效率值，包括种植业、养殖业和农村人口生活污染导致的面源污染物治理效率值。Y_{it} 表示 i 地在 t 年的农民人均实际收入。$Urban_{it}$ 表示 i 地在 t 年的城镇化率。Pe_{it} 表示 i 地在 t 年的乡村人口数。$Stru_{it}$ 表示 i 地在 t 年的第一产业占地区生产总值的比重。Ex_{it} 表示 i 地在 t 年的政府环保支出。α_i 表示地区固定效应，γt 表示时间固定效应。可以将 γt 理解为不同地区之间同质的技术进步效应或者政府政策效应。

面板数据回归模型的基本原理是利用面板数据中单位和时间的双重信息，以控制个体固定效应和时间固定效应，从而提高估计的效率和准确性。通过引入单位固定效应和时间固定效应，面板数据回归模型可以更好捕捉个体之间和时间之间的差异，从而降低了遗漏变量偏误和伪回归的可能性。

面板数据回归模型的优势在于可以解决时间序列数据和横截面数据所不能解决的问题，例如控制个体异质性和时间趋势，同时还可以提供更多的样本信息，增强了估计的效率和稳健性。因此，面板数据回归模型在经济学、社会学、管理学等领域的研究中得到了广泛的应用。

应用面板数据回归模型时，有以下几个重要的注意事项需要考虑：

1. 单位固定效应和时间固定效应：面板数据回归模型通常包括单位固定效应和时间固定效应，以控制个体和时间的特定影响。在实际应用中，需要考虑这些固定效应的存在，并对其进行合适的处理，以确保模型的准确性和有效性。

2. 异方差性和自相关性：面板数据可能存在异方差性（方差不相等）和自相关性（误差项之间的相关性）问题。在应用面板数据回归模型时，需要检验和处理这些问题，例如采用异方差稳健标准误、进行异方差—稳健性检验，以及使用面板数据的自相关性检验和修正方法。

3. 检验固定效应和随机效应：在选择面板数据回归模型时，需要进行固定效应模型和随机效应模型的比较和检验，以确定哪种模型更适合所研究的数据。固定效应模型假设所有单位效应都是固定的，而随机效应模型则允许单位效应是随机的。选择合适的效应模型对估计结果的准确性和解释性都至关重要。

4. 确定合适的样本大小：面板数据回归模型只有具备足够的样本才能产生可靠的估计结果。因此，在应用模型前，需要确保样本足够大，以满足模型的要求，并且需要考虑面板数据的固有特点，如时间和单位的维度，以确定合适的样本大小。

总之，在应用面板数据回归模型时，需要充分考虑数据的特点，合理处理固定效应和随机效应，检验和处理异方差性和自相关性问题，选择合适的效应模型，并确保样本足够大，以获得可靠的研究结果。

二、数据说明

根据第一节筛选出来的影响因素和指标，我们收集了 2011—2021 年福建省各地市的相关数据，具体包括：

1. 用不变价格表示的农村人均可支配收入。“农村人均可支配收入”从福建省各地市的统计年鉴中获取，然后用消费者价格指数平减得到基于 2011 年不变价的农村人均可支配收入，并在回归模型中取其对数。

2. 第一产业产值比重，即用各地市每年的第一产业产值除以当地当年的地区生产总值。福建省大部分地市的统计年鉴直接汇报了这一数据。少数地市的统计年鉴没有直接汇报的，课题组根据“第一产业产值÷地区生产总值”计算得到。第一产业产值比重用小数表示，而非百分比，因为这样和因变量的取值形式更加一致。

3. 乡村人口数。福建省各地市农村常住人口总数，单位为“万人”，反映人口规模因素。在回归模型中取其对数，以便压缩变量尺度使数据更平稳。

4. 城镇化率。福建省各地市城镇常住人口数占总人口数的比重，用小数表示，反映城乡人口结构因素。

5. 用不变价格表示的节能环保支出。福建省各地市统计年鉴中，“财政金融”部分下面“一般公共预算支出”中的“节能环保支出”指标，单位为“万元”。用消费者价格指数对该指标数据进行平减，得到基于 2011 年不变价格的节能环保支出。

上述指标和数据为面板模型自变量及其数据，各指标的原始数据均来源于 2012—2022 年福建省各地市统计年鉴的网络版。模型因变量为狭义农业面源污染治理效率值和广义农业面源污染治理效率值，具体计算方式请见本书第三章。

第三节　福建省农业面源污染治理效率影响因素实证结果分析

SPSSAU 作为一款智能化在线统计分析平台功能强大，包括通用方法、问卷研究、可视化、数据处理、进阶方法、实验/医学研究、综合评价、计量经济研究、机器学习、Meta 荟萃分析 10 个模块，其界面和操作方式简单易用。本章将应用“计量经济研究”模块中的“面板模型”对上一节构建的农业面源污染治理效率影响因素模型进行实证分析。

一、狭义效率值模型分析

1. 模型检验

面板模型涉及 3 个模型，分别是混合（POOL）模型、固定效应（FE）模型和随机效应（RE）模型。在实证分析之前首先进行模型检验，便于找出最优模型。模型检验步骤如下：

第一步：通过 F 检验对比选择 FE 模型和 POOL 模型，如果 p 值小于 0.05 意味着 FE 模型更优，反之则使用 POOL 模型；

第二步：通过 BP 检验对比选择 RE 模型和 POOL 模型，如果 p 值小于 0.05 意味着 RE 模型更优，反之则使用 POOL 模型；

第三步：通过 Hausman 检验对比选择 FE 模型和 RE 模型，如果 p 值小于 0.05 意味着 FE 模型更优，反之则使用 RE 模型。

从表 5-1 的模型检验结果可知：F 检验呈现出 5%水平的显著性，$F(8, 85) = 22.679$，$p = 0.000 < 0.05$，意味着相对 POOL 模型而言，FE 模型更优；BP 检验呈现出 5%水平的显著性，$\chi^2(1) = 161.198$，$p = 0.000 < 0.05$，意味着相对 POOL 模型而言，RE 模型更优；Hausman 检验并未呈现出显著性，$\chi^2(4) = 0.597$，$p = 0.963 > 0.05$，意味着相对 FE 模型而言，RE 模型更优。综合上述分析可见，RE 模型是本研究的优选模型。

表 5-1　狭义效率值模型检验结果（n=99）

检验类型	检验目的	检验值	检验结论
F 检验	FE 模型和 POOL 模型比较选择	F（8，85）=22.679，p=0.000	FE 模型
BP 检验	RE 模型和 POOL 模型比较选择	χ^2（1）=161.198，p=0.000	RE 模型
Hausman 检验	FE 模型和 RE 模型比较选择	χ^2（4）=0.597，p=0.963	RE 模型

2. 狭义效率值模型结果

狭义效率值模型以农民人均收入对数、城镇化率、乡村人口数对数、第一产业产值比重、环保支出对数作为解释变量，以狭义效率值作为被解释变量进行面板模型构建，并且使用稳健标准误法进行建模。表 5-2 汇报了 POOL 模型、FE 模型和 RE 模型的结果。

本研究以 RE 模型作为最终结果，下面对表 5-2 中第四列 RE 模型的回归结果进行分析。

（1）农民人均收入对数呈现出 0.01 水平的显著性（t=8.454，p=0.000<0.01），且回归系数值大于 0，说明农民人均收入对狭义效率值会产生显著的正向影响。具体来说，回归系数值为 0.697，其经济学含义是农民人均收入增长 1%，福建省农业面源污染治理的狭义效率值平均增加 0.00697。2011—2021 年，福建省 9 个地市的农民人均收入（2011 年不变价）由 9206 元增加到 23725 元，增长了 158%，由此带来的农业面源污染治理的狭义效率值增加量达到了约 1.10。

（2）城镇化率并没有呈现出显著性（t=-0.543，p=0.588>0.05），说明城镇化率对狭义效率值的影响不显著。从理论上来说，城镇化进程加速导致农村人口相对减少，有助于农地集中发展规模农业，从而通过规模化提升治理效率。但是从农村人口减少到实现农业规模经营，中间还涉及农地流转这一关键步骤。农地流转涉及土地流转市场的健全程度、风险保障体系的完善程度、政府监管的力度和效度、农民的认知程度等方面，是一个非常复杂的问题，尚待各界深入探讨。

（3）乡村人口数对数呈现出 0.01 水平的显著性（t=2.774，p=0.007<0.01），回归系数值为 0.084>0，说明乡村人口数对狭义效率值会产生显著的正向影响。乡村人口数变化 1%，狭义效率值将同向变化 0.00084。2011—2021 年，福建省 9 个地市平均的乡村人口数减少了 14.79%，狭义效率值相应的减少量为 0.0124。可见影响虽然显著，但是研究期内导致的变化量并不大。

（4）第一产业产值比重呈现出 0.05 水平的显著性（t=2.360，p=0.020<

0.05)，回归系数值为 0.012>0，说明第一产业产值比重对狭义效率值会产生显著的正向影响。第一产业产值比重变化 1 个百分点，狭义效率值相应的变化量为 0.012。2011—2021 年，福建省 9 个地市第一产业产值比重的平均值从 11.068%下降到 7.999%，下降了 3.069 个百分点，相应的狭义效率值减少了 0.037。

（5）环保支出对数呈现出 0.10 水平的显著性（$t=-1.954$，$p=0.054<0.10$），归系数值为-0.089<0，说明环保支出水平对狭义效率值的影响是负向的。2011—2021 年，福建省 9 个地市的平均环保支出（2011 年不变价）增长了 197.150%，相应的农业面源污染治理效率下降了 0.175。这个结果乍一看难以令人理解。环保支出水平的增长，理应改善面源污染治理水平，怎么反而会产生负面的影响呢？要注意，模型的因变量是治理效率，而不是污染物数量。治理效率衡量的是投入和产出之间的比例，而非不计成本地提高产出水平。这个系数恰恰给我们警示：当前的环保投入水平是否合理？是否因为投入过高而影响了治理效率？环保投入是否因为侧重工业点源污染和城市污染治理而对农业面源污染治理问题不够重视？这些问题亟待我们更加深入探讨。

农民人均收入、乡村人口数、第一产业产值比重和环保支出是显著影响福建省农业面源污染治理狭义效率的因素。2011—2021 年，四个影响因素按照影响大小的排序结果为：农民人均收入>环保支出>第一产业产值比重>乡村人口数。

表 5-2　狭义效率值面板模型结果

项	POOL 模型	FE 模型	RE 模型
截距	-5.610^{***} (-5.654)	-7.791^{***} (-7.516)	-6.369^{***} (-6.871)
农民人均收入对数	0.503^{***} (4.070)	0.838^{***} (6.035)	0.697^{***} (8.454)
城镇化率	0.009^{*} (1.970)	-0.013 (-1.339)	-0.002 (-0.543)
乡村人口数对数	0.036 (0.780)	0.173^{**} (2.051)	0.084^{***} (2.774)
第一产业产值比重	0.031^{**} (2.370)	-0.005 (-0.247)	0.012^{**} (2.360)

续表

项	POOL 模型	FE 模型	RE 模型
环保支出对数	−0.002 (−0.033)	−0.119*** (−3.342)	−0.089* (−1.954)
R^2	0.577	−0.466	0.323
R^2 (within)	0.719	0.770	0.760
样本量	99	99	99
检验	F (5, 93) = 27.736, p=0.000	F (5, 85) = 72.996, p=0.000	χ^2 (5) = 103.287, p=0.000

注：因变量为狭义效率值。*** $p<0.01$、** $p<0.05$、* $p<0.10$，括号里面为 t 值。

表 5-3 狭义效率值 RE 模型估计结果

项	系数	标准误	t 值	p 值	95% CI
截距	−6.369	0.927	−6.871	0.000***	−8.186~−4.552
农民人均收入对数	0.697	0.082	8.454	0.000***	0.535~0.858
城镇化率	−0.002	0.003	−0.543	0.588	−0.007~0.004
乡村人口数对数	0.084	0.030	2.774	0.007***	0.025~0.144
第一产业产值比重	0.012	0.005	2.360	0.020**	0.002~0.022
环保支出对数	−0.089	0.045	−1.954	0.054*	−0.178~0.000
χ^2 (5) = 103.287，p=0.000					
R^2=0.323，R^2 (within) = 0.760					

注：*** $p<0.01$、** $p<0.05$、* $p<0.10$。

二、广义效率值模型分析

1. 模型检验

从表 5-4 可知：F 检验呈现出 5%水平的显著性，F (8, 85) = 23.784，p=0.000<0.05，意味着相对 POOL 模型而言，FE 模型更优；BP 检验呈现出 5%水平的显著性，$\chi^2(1)$ = 188.191，p = 0.000<0.05，意味着相对 POOL 模型而言，RE 模型更优；Hausman 检验并未呈现出显著性，$\chi^2(4)$ = 0.171，p=0.997>0.05，意味着相对 FE 模型而言，RE 模型更优。综上所述，RE 模型是优选模型。

表 5-4　广义效率值模型检验结果（n=99）

检验类型	检验目的	检验值	检验结论
F 检验	FE 模型和 POOL 模型比较选择	F（8，85）=23.784，p=0.000	FE 模型
BP 检验	RE 模型和 POOL 模型比较选择	χ^2（1）=188.191，p=0.000	RE 模型
Hausman 检验	FE 模型和 RE 模型比较选择	χ^2（4）=0.171，p=0.997	RE 模型

2. 广义效率值模型结果

狭义效率值模型以农民人均收入对数、城镇化率、乡村人口数对数、第一产业产值比重、环保支出对数作为解释变量，以狭义效率值作为被解释变量进行面板模型构建，并且使用稳健标准误法进行建模。表 5-5 汇报了 POOL 模型、FE 模型和 RE 模型的结果。

本研究以 RE 模型作为最终结果，从表 5-5 可知：农民人均收入对数呈现出 0.01 水平的显著性（t=11.101，p=0.000<0.01），并且回归系数值为 0.685>0，说明农民人均收入对广义效率值会产生显著的正向影响。城镇化率没有呈现出显著性（t=-0.296，p=0.768>0.05），说明城镇化率对广义效率值的影响不显著。乡村人口数对数呈现出 0.10 水平的显著性（t=1.741，p=0.085>0.05），并且回归系数值为 0.060>0，说明乡村人口数对广义效率值会产生显著的正向影响。第一产业产值比重呈现出 0.01 水平的显著性（t=3.236，p=0.002<0.01），并且回归系数值为 0.018>0，说明第一产业产值比重对广义效率值会产生显著的正向影响。环保支出对数呈现出 0.05 水平的显著性（t=-2.152，p=0.034<0.05），并且回归系数值为-0.075<0，说明环保支出对数对广义效率值会产生显著的负向影响。

对比表 5-6 和表 5-3 可见，广义效率值模型结果与狭义效率值模型结果大同小异。显著的影响因素同样是农民人均收入、乡村人口数、第一产业产值比重和环保支出这四个，城镇化率的影响依然不显著。各影响因素的系数大小虽然有一定差异，但是只有数值大小的差别，影响的方向和相对重要性与狭义效率值模型没有区别，这里不再赘述。

表 5-5　广义效率值面板模型结果

项	POOL 模型	FE 模型	RE 模型
截距	-5.655*** (-6.847)	-6.932*** (-5.949)	-6.115*** (-6.623)

续表

项	POOL 模型	FE 模型	RE 模型
农民人均收入对数	0.527*** (4.347)	0.785*** (6.017)	0.685*** (11.101)
城镇化率	0.006 (1.214)	−0.008 (−0.878)	−0.001 (−0.296)
乡村人口数对数	0.033 (0.792)	0.103 (1.376)	0.060* (1.741)
第一产业产值比重	0.030** (2.119)	0.010 (0.671)	0.018*** (3.236)
环保支出对数	0.004 (0.063)	−0.095*** (−2.949)	−0.075** (−2.152)
R^2	0.573	0.125	0.441
R^2 (within)	0.740	0.770	0.766
样本量	99	99	99
检验	F (5, 93) = 29.767, p=0.000	F (5, 85) = 40.871, p=0.000	χ^2 (5) = 132.209, p=0.000

注：因变量为广义效率值。*** $p<0.01$、** $p<0.05$、* $p<0.10$，括号里面为 t 值。

表 5-6　广义效率值 RE 模型估计结果

项	系数	标准误	t 值	p 值	95% CI
截距	−6.115	0.923	−6.623	0.000**	−7.924~−4.305
农民人均收入对数	0.685	0.062	11.101	0.000**	0.564~0.806
城镇化率	−0.001	0.003	−0.296	0.768	−0.007~0.005
乡村人口数对数	0.060	0.034	1.741	0.085	−0.008~0.127
第一产业产值比重	0.018	0.006	3.236	0.002**	0.007~0.029
环保支出对数	−0.075	0.035	−2.152	0.034*	−0.144~−0.007
χ^2 (5) = 132.209, p=0.000					
R^2=0.441, R^2 (within) = 0.766					

注：* $p<0.05$、** $p<0.01$。

第六章　国内兄弟省份农业面源污染治理的典型经验借鉴

福建省作为我国东南沿海一个特色鲜明的农业省份，目前面临的农业面源污染治理问题较为严峻。国内兄弟省份浙江省、江西省和广东省在农业面源污染治理方面积累了丰富的经验，不仅可以供福建省借鉴，更为其提供了多重思路和治理路径选择，有利于促进福建省治污水平的提高，实现农业面源污染防治的全面提升，为福建省的乡村振兴和可持续发展做出积极贡献。

第一节　浙江省农业面源污染治理经验借鉴及其启示

农业面源污染治理经验可以指导决策和政策制定、提供行动方向和技术支持、促进经验交流和合作、持续改进和创新，以及宣传和教育。通过经验分享，可以不断提高农业面源污染治理的效果和可持续性，实现农业可持续发展与环境保护的双赢局面。浙江省在农业面源污染治理方面取得了丰硕成果，通过探索农业发展“三个循环”、桐乡试点模式、省政府颁发相关标准规范及“四查四清”（查养殖业，全面清除偷漏排隐患；查农业废弃物，全面清除安全隐患与污染问题；查肥药减量工作，全面清除不严不实风险；查农业退水，全面清除重建轻管问题）专项行动等，浙江省的农业面源污染治理走上了一个新台阶，为包括福建省在内的全国各个省份提供了值得借鉴的经验，对我国农业面源污染治理具有启示意义。

一、浙江省探索农业发展“三个循环”

农村面源污染已经成为一个紧迫的问题，需要转变农业发展方式。这不仅需要避免新的生态债务，还需要逐步偿还旧的债务。为此，浙江省致力于建设现代生态循环农业，在全省范围内构建“主体小循环、园区中循环、县域大循环”的新格局，积极推动三个循环的发展。浙江省在农业发展方面探索“三个循环”的做法是值得借鉴的。

浙江省龙游县龙丰村的杜国祥家庭农场是一个成功的案例。农场占地270多亩，年出栏生猪3000多头，被当地人称为吉祥生态农场。杜国祥在农场内建立了1000米的雨污分流管网，将雨水直接排放，污水则通过地下管网进入收集池。为了有效利用畜禽粪便，杜国祥安装了固液分离机，将干湿部分分离。干粪直接装袋用于果树种植，液态部分通过管网进入沼气池发酵产生沼气。通过将生猪养殖、果树种植和草地种植相结合，该农场实现了内部的生态小循环。据杜国祥介绍，这种模式每年能够产生直接效益超过20万元。由此可见，循环农业的发展不仅有益于环境，也有益于经济，是更多农民应该探索的道路。①

农业生产是一种紧密结合自然再生产和经济再生产的活动，在中国古代，农业就有遵循生态循环的传统。据《沈氏农书》和《补农书》② 记述，古人以农副产品喂猪、以猪粪肥田；或者以桑叶饲羊、以羊粪壅桑；或者以鱼养桑、以桑养蚕、以蚕养鱼。这样不仅优化了农业生产结构，还让生态循环趋向平衡。

如今，浙江省在推进现代农业的道路上，提出了建设“主体小循环、园区中循环、县域大循环”的新格局。其中，“主体小循环”指的是像杜国祥这样的生态农场；“园区中循环”是指省里布局的“粮食生产功能区”和“现代农业园区”，园区内建设秸秆收集处理、秸秆沼气工程、沼液利用等节点工程，把化肥和农药减量技术、环境友好型农作制度等要素集聚到示范区；“县域大循环”则是在长效机制上下功夫，在治理模式、支持政策、技术应用、运行机制上进行创新。

这种“主体小循环、园区中循环、县域大循环”的模式，在让中国传统农业“低消耗、低污染、低排放”的思想重放光芒的同时，实现了“高产量、高效益、高循环”的现代农业绿色发展。通过实现生态循环，农业生态环境得到了改善，农民的生活质量也得到了提升。这种做法已经证明，生态农业不仅有利于农业可持续发展，也是建设美丽中国的重要途径之一。

二、桐乡市试点模式

2021年，嘉兴市桐乡市被列入全国26个农业面源污染治理与监督指导试

① 冯华．治理面源污染，有招！［N］．人民日报，2015-05-10（09）．

② 《沈氏农书》和《补农书》是中国明末清初反映浙江嘉湖地区农业生产的两部农书。《沈氏农书》大约是明崇祯末年浙江归安（今浙江吴兴县）佚名的沈氏所撰。清乾隆年间，朱坤编辑《杨园全集》时，把《沈氏农书》与《补农书》合为一本，分上下两卷，统称为《补农书》，后世刊本多用《补农书》之名。

点之一。在试点工作的推进下，桐乡市积极按照国家试点《实施方案》的要求，围绕“江南田园水乡”农业发展特色，以“343”试点工作模式。[①] 试点工作包括了源头减量、循环利用、过程控制等七个方面。其中，源头减量的重点是在农业生产过程中减少化肥、农药、养殖废弃物等污染物的排放，同时加强水、土、肥的管理；循环利用则主要是实现废弃物资源化利用，将农业废弃物转化为肥料等资源，同时推动农业生态循环；过程控制则是通过加强管理，对农业生产过程中的环境污染进行控制。力争到2025年，桐乡市将基本建立农业面源污染治理与监督指导的制度体系，以及环境监测、绩效评估、监督管理等评价体系，形成“大运河流域+长江经济带”区域特色的“桐乡试点模式”。这种试点模式的推广，不仅有利于保护生态环境，还有助于推动农业的可持续发展。

在建设体系方面，桐乡试点项目主要集中在以下三个关键领域。

第一个关键领域是建立健全的机构系统，也被称为“一盘棋”系统。该系统包括建立“3+7”工作组织结构，其中“3”指制定“工作实施方案”、建立试点工作领导小组和成立工作专班，而“7”则指谋划和实施七个重要的试点项目。

第二个关键领域是建立全面的评估系统，也被称为“一张网”系统。该系统包括进行农业面源污染的摸底调查，完善基础数据和信息，编制污染源调查报告等。此外，桐乡市已建立了172个水质监测点，并投入超过1300万元建设了31个新的水质微站，这有助于建立农业面源污染的全面监测网络。此外，桐乡市还开展了农业面源污染评估，编制了试点优先治理区域清单。

第三个关键领域是建立数字化监管系统，也被称为“一个屏”系统。桐乡市研发了“数字环保·桐乡市排污许可证证后执法监管系统”，以改革环境法规的监管和执行。该系统于2021年9月在中央宣传部的新闻发布会上发布。8家规模化养猪场已被纳入监管平台，证后执法监管系统每天派发自巡查任务，巡查结果纳入生态码评价体系，根据评价结果形成绿、蓝、黄、橙、红五色生态码，倒逼企业提升自身环境管理水平。此外，桐乡市还开发了“田保姆”“兴羊富民”“生猪精密智管”等数字化场景应用，实施了农业面源污染源全方位数字化监管。

在污染治理方面，桐乡试点采取了一系列有力措施，取得了显著成效。

---

① 桐乡市以“343模式”全力推进农业面源治理试点改革［EB/OL］.（2022-09-19）. http：//sthjt. zj. gov. cn/art. /202219119/art. 1201818_58935779. html.

第一个措施是在加强种植业土壤污染治理方面率先出台了健康土壤五年行动计划，并成立了健康土壤院士专家智囊团。针对受污染耕地，桐乡试点还开展了“源解析”调查工作，并实施了耕地地力指数保险、配方肥推广应用等财政政策，共落实了1.91亿元的财政资金。此外，还深化了“肥药两制”改革，出台了化肥农药实名制购买、定额制施用、持续减量、定额施用标准等配套政策，建立了农产品质量安全追溯体系。全市280家农业主体实现了主体和过程追溯，对189家肥药两制改革试点主体实行红、黄、绿码三色数字化管控。此系列措施有力地加强了种植业土壤污染治理。

第二个措施是在加强畜禽养殖业污染治理方面，桐乡试点采取了治理与利用“双措并举”的策略。全市死亡动物无害化处理率达到100%，规模养猪场废水全部纳管，并纳入“排污许可”一证式管理。桐乡试点还开展了养鸡场养殖设备和粪污处理设施自动化改造提升，实现了省级美丽生态牧场全覆盖。这一系列措施有效地加强了畜禽养殖业污染治理。

第三个措施是在加强水产健康养殖治理方面，桐乡试点实施了温室龟鳖类全面退养，大力推广稻鱼综合种养模式，创新发展稻虾轮作。另外，还规范了养殖与治污“并行”，已创建省级以上水产健康养殖示范场18家。这些措施有助于加强水产养殖的健康治理。

第四个措施是在加强农业废弃物综合治理方面，桐乡试点健全了农业投入品闭环管理，建成了农药废弃包装物和废旧农膜回收处理体系，回收处置率达到了90%以上。同时，该地还推广了农作物秸秆综合利用，利用率达到了97.19%，被列为全国农作物秸秆全量化利用试点县。这些措施有助于加强农业废弃物的综合治理。

在增效方面，桐乡试点采取了一系列措施，实现了乡村美丽增效、乡村和谐增效、乡村富裕增效，成效显著。

第一个措施是在乡村美丽增效方面，桐乡试点通过示范先行、以点带面、点面结合，打造美丽乡村“一环九线 · 拾梦江南”的全域格局。连续三年获全省深化“千万工程”建设工作优胜县，并建成了桐乡市白荡漾湿地饮用水源地，解决了平原地区“水质型”缺水难题。这些措施有效地促进了乡村美丽增效。

第二个措施是在乡村和谐增效方面，桐乡试点统筹推进了“五水共治”“四边三化”“三改一拆”工作，并建立了全域废旧商品回收体系。此外，桐乡试点还推行了“三治融合”“乌镇管家”等乡村治理模式，获评全国乡村治理典型案例。这些措施有助于实现乡村和谐增效。

第三个措施是在乡村富裕增效方面，桐乡试点将美丽经济发展与村级集体经济壮大有机结合，深挖农产品生态价值，推进绿色富民惠民。全市农村居民人均可支配收入达到了4万元，城乡收入比在全省25个地区生产总值超千亿元县（市、区）中最小。这些措施有助于实现乡村富裕增效。

三、颁布相关政策和标准规范

浙江省是全国唯一一个省级农业可持续发展试验示范区和绿色农业发展先行区。为了全力推进农业水环境治理、全面加强农田氮磷生态沟渠建设引领，浙江省近年来出台了一系列农业面源污染治理政策和标准规范。

浙江省市场监督管理总局于2021年4月13日发布了《农田面源污染控制氮磷生态拦截沟渠系统建设规范》。这一规范的制定融合了农田水利学和生态工程学理论，对生态拦截沟渠系统的设计、施工、验收、管护等方面提出了要求。

根据这一规范，生态拦截沟渠系统应由主干沟、生态拦截辅助措施和植物三部分组成。其中，主干沟断面的设计长度应在300米以上，具有承纳150亩以上农田汇水和排水的能力。生态拦截辅助设施应至少包括节制闸、拦水坎、底泥捕获井、氮磷去除模块等。此外，生态沟渠系统末端和承泄区落差大于1米时应设置阶梯式截流池或坡式跌水。在主干沟最宽位置或沟渠承泄区，宜设置生态浮岛和生态塘。植物配置应以本土沉水、挺水、护坡植物为主，不宜选用浮叶植物。

该规范填补了浙江省生态拦截沟渠系统建设领域的标准空白，对生态拦截沟渠系统的规范化建设和稳定运行具有指导作用。同时，该规范也为政府主管部门制定农业面源污染治理规划和监督管理决策提供了依据。

农业面源污染对水环境造成了很大的影响，生态拦截沟渠系统的建设可以有效地控制这种污染。因此，制定规范的标准对于推动农业面源污染治理工作具有重要意义。随着标准的逐步实施，生态拦截沟渠系统建设的水平将得到进一步提高，为保护水资源、实现可持续发展做出更大的贡献。

浙江省林业局于2021年6月17日印发了《浙江省土壤、地下水和农业农村污染防治“十四五”规划》（以下简称《“十四五”规划》）。这一规划提出到2025年，全省将进一步管控农用地和建设用地土壤污染风险，从而保障人们“吃得放心、住得安心”；地下水环境质量总体保持稳定，初步遏制重点园区和重点企业地下水污染扩散趋势；农业面源污染治理、农村生活污水和垃圾处理水平保持全国前列，农村生态环境实现持续改善。该规划还提出了一系列具体措施。其中，针对农用地和建设用地土壤污染，将建立健全土壤污染防治机制，推进农村生活污水和垃圾处理设施建设，加强农业面源污染防治，完善农业废弃物和畜禽粪便资源化利用。针对地下水污染，规划要求建立地下水污染防控机制，加强重点园区和企业地下水环境监测和治理，促进地下水资源合理利用。此外，规划还强调要加强对农业农村污染防治科技创新和人才培养，加强宣传和教育，提高农民环保意识。

全面推进土壤、地下水和农业农村污染防治工作，是保障生态环境安全和人民群众健康的重要举措。浙江省林业局制定的《“十四五”规划》提出了明确的目标和措施，为全省打好污染防治攻坚战提供了指导和保障。

浙江省农业农村厅于 2021 年 8 月 31 日印发了《浙江省农业面源污染治理与监督指导实施方案》（以下简称《实施方案》）。这一方案明确提出，到 2025 年，全省将初步控制农业面源污染，进一步优化农业生产布局，初步建成农业面源污染监测和评估体系，基本建立监督指导农业面源污染治理工作机制。

为实现这些目标，方案提出了一系列具体措施。其中，针对农业面源污染治理，将加强农业面源污染防治法规制定和修订，推进农业生产结构调整和区域布局优化，加强农业面源污染防治技术研究和示范推广，加强农业面源污染监测和评估，完善农业面源污染防治工作机制。同时，方案还要求加强宣传和教育，提高农民环保意识，促进全社会形成共治共享的生态文明理念。

农业面源污染是当前浙江省农业面临的一个重要问题。为了解决这一问题，浙江省农业农村厅制定了《实施方案》，旨在通过加强法规制定、技术研究、区域布局优化、监测评估等多种手段，控制农业面源污染，实现农业生产和生态环境的协调发展。

浙江省生态环境厅、发展改革委、农业农村厅等六部门于 2022 年 6 月 9 日联合印发了《浙江省农业农村污染治理攻坚战行动方案（2022—2025 年）》。该方案明确提出，到 2025 年，全省将初步管控农业面源污染，主要农作物化肥、农药利用率均达 43%，农药废弃包装物、农膜回收率均达 90%，畜禽养殖粪污资源化利用和无害化处理率达 92%，全省新增农村行政村环境整治 1100 个，农村生活污水治理率、达标率达 95%，基本消除农村黑臭水体。为此，该方案针对农业污染治理，要求加强污染防治法规制定和修订，优化农业生产布局，加强农业污染防治技术研究和示范推广，加强农业污染监测和评估，完善农业污染防治工作机制。

农业污染治理一直是浙江省生态环境保护和农业发展的重要任务。为此，浙江省生态环境厅等六部门制定的方案旨在通过加强法规制定、技术研究、区域布局优化、监测评估等多种手段，控制农业污染，实现农业生产和生态环境的协调发展。

浙江省人民政府办公厅于2022年12月30日发布了《浙江省新污染物治理工作方案》。该方案提出了主要任务，包括开展调查评估，掌握新污染物底数和风险；严格源头管控，防范新污染物产生；强化过程控制，减少新污染物排放；深化末端治理，降低新污染物环境风险；加强能力建设，夯实新污染物智治基础。

新污染物治理是当前环境保护工作的重要任务。为了解决这一问题，浙江省人民政府办公厅推出的方案提出了一系列具体措施，旨在从源头控制、过程控制和末端治理等多个方面，全面治理新污染物问题。同时，方案还强调了能力建设的重要性，提出要夯实新污染物智治基础，为新污染物治理提供科技支撑和智力支持。此外，方案还从组织、监管、资金、宣传等方面采取保障措施，确保方案能够有力实施。

新污染物治理是一个长期而复杂的过程，需要各级政府部门、企业和社会各界共同参与，共同努力，才能够取得实质性的成效。在实施方案的过程中，需要充分发挥政府的作用，加强监管和执法力度，同时，也需要企业和社会各界的积极参与，采取有效的措施，控制新污染物的产生和排放。只有全社会共同努力，才能够为环境保护事业注入新的动力，实现经济发展和生态环境的可持续发展。

浙江省生态环境厅于2023年3月28日印发了《2023年全省生态环境保护工作要点》。该文件提出了深入打好蓝天保卫战、深入打好碧水保卫战等10大项共33项重点任务。其中，2023年生态环境主要目标包括环境空气质量、水生态环境质量、海洋生态环境质量、土壤环境质量和污染减排方面的目标。具体来说，2023年的环境空气质量目标是设区城市PM2.5平均浓度低于26微克/立方米，空气质量优良天数比率高于92%，中度污染天数同比减少20%。在水生态环境质量方面，地表水省控断面达到或好于Ⅲ类水体比例达94%以上。在海洋生态环境质量方面，完成国家下达的近岸海域水质优良（一类、二类）比例考核目标。在土壤环境质量方面，重点建设用地安全利用率高于95%。在污染减排方面，四项主要污染物重点工程减排量完成“十四五”目标任务的60%以上。

为了实现上述目标，需要采取一系列具体措施。例如，在环境空气质量方面，需要加强工业、交通、农业等领域的污染治理，采取措施减少机动车污染排放，提高清洁能源比例，加强环保宣传教育等。在水生态环境质量方面，需要加强水环境监察和执法力度，加大水环境治理力度等。在海洋生态环境质量方面，需要加强海洋环境监测和评估，加强海洋污染治理等。在土壤环境质量方面，需要加强土壤污染治理，加强土地利用规划和管理等。在污染减排方面，需要加大污染源减排力度，推广清洁生产技术，加强环保设施建设等。

保护生态环境是一项长期而艰巨的任务。实现以上目标需要各级政府部门、企业和社会各界的共同参与和协作。只有通过全社会的共同努力，才能够为浙江省的生态文明建设和可持续发展注入新的动力。

四、开展“四查四清”专项行动

浙江省农业农村厅于2023年4月25日发布通知，宣布开展农业面源污染防治“四查四清”专项行动。

“四查四清”是针对养殖业、农业废弃物、肥药减量工作和农业退水开展的专项行动。在养殖业方面，该行动将查找养殖场的偷排、漏排等隐患问题，确保养殖业污染得到有效治理。在农业废弃物方面，该行动将查找农业废弃物的存储、运输、处理等环节中存在的安全隐患和污染问题。在肥料和农药减量方面，该行动将查找农业生产中存在的不严不实、用量过多等问题，加强科技支撑，推广科学肥料和绿色农药的使用。在农业退水方面，该行动将查找农业退水的排放、处理等问题，加强农业退水的治理和利用。

农业面源污染是当前环境保护工作中的重要问题，也是农业生产中的难点。为了解决这一问题，浙江省农业农村厅开展了“四查四清”专项行动，这是一项重要的生态环境保护工作。该行动旨在通过全面查找农业面源污染问题，清除各类污染隐患和安全隐患，加强农业废弃物、肥药和农业退水等领域的污染治理，从而保护农业生态环境和公共卫生安全。通过全面查找农业面源污染问题，清除污染隐患和安全隐患，加强治理力度，实现农业生产和环境保护的双赢。同时，也需要各级政府部门、农业企业和社会各界的积极参与，共同努力，才能够为农业生态环境保护注入新的动力，实现农业可持续发展。

五、浙江省污染治理的经验及启示

浙江省是我国农业发展的前沿省份之一，也是环保意识较为普及的地区，积极探索农业发展“三个循环”、桐乡试点模式、省政府颁发相关标准规范以及“四查四清”专项行动等一系列措施，在农业面源污染治理方面积累了一定的经验，并为其他地区提供了很好的借鉴。

（一）“三个循环”

“三个循环”是浙江省农村面源污染面临的紧迫问题，需要转变农业发展方式而创新出的新模式，该模式通过主体、园区、县域的良性循环将农业生产和生态保护结合起来，通过循环利用农业生产过程中产生的废弃物和资源，减少资源浪费和环境污染。推而广之，“三个循环”是一种可持续的农业发展模式，可以有效控制农业面源污染，促进农业可持续发展，同时带动农村经济的发展。在全国范围内，各地可以结合自身的实际情况，通过探索和实践，不断完善和推广“三个循环”的模式，为农业发展和环境保护做出贡献。“三个循环”对于其他地区和国家的农业发展具有重要的启示意义，具体体现在以下几个方面。

首先，“三个循环”强调农业生产和生态保护的有机衔接，这一思想对于其他地区的农业发展也具有借鉴意义。在传统农业发展模式下，往往将农业生产和生态保护割裂开来，导致了资源浪费和环境污染。而通过“三个循环”的模式，可以将农业生产和生态保护有机结合起来，实现生态保护与农业生产的双赢。

其次，“三个循环”可以有效控制农业面源污染，这一经验对于其他地区的农业面源污染治理也有借鉴意义。在“三个循环”的模式下，可以通过循环利用农业生产过程中的废弃物和资源，减少污染物质的排放和使用，从根本上控制农业面源污染的产生和扩散。

最后，“三个循环”可以促进农业可持续发展，这一经验对于其他地区在实现农业可持续发展方面也有借鉴意义。农业可持续发展是全球性的发展目标，而“三个循环”的模式，可以提高资源利用率和效率，同时减少环境污染，实现农业可持续发展的目标。

（二）桐乡试点模式

桐乡市在农业生产和生态保护方面开展的试点项目，对于其他地区在农业可持续发展、生态保护和资源利用方面具有重要的启示意义，具体包括以下几个方面。

首先，循环农业，实现资源的循环利用。桐乡试点项目中，通过循环利用实现废弃物资源化利用，将农业废弃物转化为肥料等资源，同时推动农业生态循环。这一做法为其他地区在农业生产中实现资源的循环利用提供了经验和借鉴。

其次，通过农业面源污染治理，实现农业生产与环境保护的有机衔接。桐乡试点过程控制是通过加强管理，对农业生产过程中的环境污染进行控制；末端治理则是通过治理农业面源污染，保护土壤和水资源。这些做法为其他地区在农业生产中实现农业与环境保护的有机衔接提供了参考。

再次，推广有机农业，提高农产品质量和农民收入。桐乡试点通过源头减量，即在农业生产过程中减少化肥、农药、养殖废弃物等污染物的排放，同时加强水、土、肥的管理。这一做法为其他地区在推广有机农业、保证农产品质量和提高农民收入方面提供了借鉴。

最后，建立长效机制，促进可持续发展。桐乡试点在体系建设、污染治理及增效方面建立了农业面源污染防治工作的长效机制，实现了对农业生产和环境保护的有机衔接。这一做法为其他地区在促进农业可持续发展方面提供了经验和借鉴。

（三）省政府颁发相关标准规范

浙江省政府出台政策和标准规范在农业面源污染治理方面的推动作用，对于其他地区在农业面源污染治理方面具有重要的启示意义，具体包括以下几个方面。

首先，政策引导和支持。浙江省政府针对农业面源污染治理问题，制定了一系列的政策措施，如提供财政和技术支持、建立奖励机制等，为农业面源污染治理提供了政策引导和支持。这一做法为其他地区在农业面源污染治理方面制定政策提供了借鉴。

其次，规范操作和管理。浙江省政府的标准规范在农业面源污染治理方面的推动作用，可以规范农业生产和管理行为，提高农业生产的质量、效益和可持续性。这一做法可以为其他地区在农业生产和管理方面制定标准规范提供借鉴。

再次，促进技术创新和应用。浙江省政府的政策和标准规范可以促进技术创新和应用，如发展绿色肥料、推广生物质还田技术等，提高了农业生产的效率和环保性。这一做法可以为其他地区在农业技术创新和应用方面提供借鉴。

最后，加强监管和执法。浙江省政府的政策和标准规范可以加强对农业生产和管理行为的监管和执法，遏制农业面源污染的产生和扩散。这一做法可以为其他地区在农业监管和执法方面提供借鉴。

（四）“四查四清”专项行动

浙江省的“四查四清”专项行动是针对养殖业、农业废弃物、肥药减量工作和农业退水开展的专项行动，其实质上是为了解决农业面源污染问题，因而具有以下启示意义。

首先，全面排查和清理整治。“四查四清”措施可以全面排查和清理整治农业面源污染问题，从源头上控制污染发生，对于治理农业面源污染问题具有重要意义。这一做法可以为其他地区在治理农业面源污染问题方面提供借鉴。

其次，实现长效管控。“四查四清”措施不仅是对农业面源污染问题进行治理，而且还从根本上解决了农业面源污染问题的新发生，实现了长效管控，为农业生产和环境保护提供了保障。这一做法可为其他地区在实现农业生产和环境保护有机衔接方面提供借鉴。

再次，加强监管和执法。“四查四清”措施可以加强对农业面源污染问题的监管和执法，实现了对农业生产和管理行为的规范和约束，为农业面源污染治理提供了坚实的基础。这一做法同样可以作为其他地区的借鉴。

最后，集中力量解决问题。“四查四清”措施将农业面源污染问题作为重点治理内容，集中力量解决问题，形成了治理合力。这一做法对于其他地区在治理农业面源污染问题方面同样具有启示和借鉴意义。

第二节　江西省农业面源污染治理经验借鉴及其启示

江西省在农业面源污染治理上，从治理畜禽养殖污染问题、推进水产养殖污染治理、减量使用农药化肥、保护水生生物资源、整体提升农村人居环境等几个方面进行了积极探索和实践，取得了经验和成效，不仅使江西省的农业面源污染治理效率得到了提升，也为其他地区在农业面源污染治理方面提供了借鉴和启示。

一、治理畜禽养殖污染问题

江西省将畜禽粪污资源化利用视为推动畜牧业绿色发展和实现转型升级的重要手段。为了解决畜禽养殖业带来的环境问题，江西省各地如安远县、会昌县、靖安县、吉安市等早在2017年就开始采取措施治理畜禽养殖污染问题。

江西省注重从源头上治理畜禽养殖污染问题。针对畜禽粪便产生的污染问题，该省对猪粪实行了统一收集、堆积、发酵、杀菌、祛臭、增肥等措施，使之成为无恶臭味、无有害病菌、肥效大为提高的有机肥料。此外，江西省还将沼气作为能源进行综合利用，沼气可以帮助猪场冬季保暖、夏季降温，进行发电、作为食堂燃料等，而沼液则可以作为生产微藻的动物蛋白、浇灌杜仲林，以及作为蔬菜肥料，同时，富余沼液也可以按照国家污水排放标准达标排放，减少了污染排放，从而有效地解决了畜禽养殖业对环境造成的污染问题。

江西省还大力实施畜禽养殖污染治理，通过稳步推进“三区”划定，累计整治畜禽养殖场1.4万家，减少生猪饲养量200余万头①，有效地改善了环鄱阳湖周边和重要水源的生态环境，遏制了养殖污染加重的势头。采取的主要措施如下。

一是畜禽养殖污染防治。随着江西省城乡建设的不断发展和人民生活水平的提高，畜禽养殖业得到了快速发展，同时也带来了严重的环境污染问题。如何有效地治理畜禽养殖污染，成了江西省亟待解决的重大问题。为了防治畜禽养殖污染，首先，通过召开全省现场推进会、开展专项督查等方式，强化属地管理，全面完成“三区”划定和地理标注，强力推进禁养区内养殖场关停并转和限养区、可养区治污设施建设改造工作；其次，各地以改革创新的精神，积极探索粪污治理的新做法、新模式、新工艺，不断推进科技创新和技术改造，提高治理效果；最后，各地狠抓中央环保督查反馈问题整改落实，加大对环境违法行为的查处力度，严厉打击环境污染行为，保障环境质量和公众健康。

二是无害化处理病死畜禽。病死畜禽的无害化处理是治理畜禽养殖污染的一项重要措施。因此，构建病死畜禽无害化处理监管长效机制，成为江西省亟待解决的问题。江西省为了构建病死畜禽无害化处理监管长效机制，首先，制定了建设规划、实施方案、技术规范等相关政策文件，明确了无害化处理的标准和要求，确保处理工作的规范和科学化。其次，建立了农业、财政、公安等多部门参加的联席会议制度，加强了各部门之间的协调与合作，形成了合力推进病死畜禽无害化处理的局面。再次，完善了官方兽医监督巡

① 江西多举措治理畜禽养殖污染［EB/OL］.（2017-08-30）.

查制度和举报制度，加强了对无害化处理工作的监管和管理。最后，构建了财政支持体系，病死猪无害化处理与生猪保险理赔形成了联动，为养殖户提供了更好的保障。

三是对畜产品实施安全监管。首先，通过加强对养殖场、屠宰场的巡查监管，落实生产经营者的主体责任和部门监管责任，推动屠宰行业的规范化发展；其次，加强饲料、兽药等投入品监管，保障屠宰食品的质量和安全；最后，加强对屠宰行业从业人员的培训和管理，提高从业人员的素质和意识。

四是防控动物疫病。加强疫病监测和净化工作是维护畜禽养殖业健康发展的重要措施。为此，江西省各地采取了一系列措施以提高疫情应对能力。首先，启动了“先免后补”直补试点，着力加强疫情的预防和控制。其次，进一步完善重大动物疫情应急预案，加强物资储备和应急队伍的培训、演练和值守，提升应急处置能力。特别是在 2017 年初的 H7N9 型禽流感疫情期，各地强化源头管控，严格活禽检疫，开展紧急监测，并与卫生部门密切配合，做好应急处理和活禽市场监管。这些措施使江西省未发生一起家禽 H7N9 型禽流感疫情，也没有监测到一例养殖环节 H7N9 病原学阳性样本，为当时全省 H7N9 防控工作做出了重要贡献。

自 2020 年以来，江西省政府为了治理养殖污染问题，先后出台了促进生猪养殖、牛羊养殖、家禽养殖高质量发展的系列文件，贯穿绿色发展新理念，实现了养殖污染有效治理和畜禽生产稳步提升的双赢目标。江西省还实施了一系列支持措施，以控制污染并促进畜禽业的可持续发展。江西省政府的关键措施之一是向畜禽业提供财政激励和金融支持。政府自 2020 年共拨出 3.48 亿元资金，奖励和补贴了 87 个县的污染控制工作。此外，畜禽粪污处理和利用涉及的 19 项产品已列入农机购置补贴范围，共发放 374.46 万元的补贴。为加强规划和顶层设计，江西省制订了五年的畜禽养殖污染防治规划，以及制订了年度行动计划，明确工作重点和任务，以稳步推进工作。此外，江西省还划定并清理了禁养区，取消了 3199 个不合理的禁养区，涉及 9875 平方千米，为畜禽养殖腾出更多的空间。江西省还在设施和土地利用方面提供支持。政府已划定畜禽养殖区域，并改善了畜禽养殖设施，例如废物处理设施和电力网用于发电。该省还为有机肥料提供补贴，这不仅可以减少环境污染，还可以提高农产品的质量。①

为促进畜禽业的可持续发展和资源有效利用，江西省实施了一系列畜禽

① 雷少斐．江西：统筹抓好畜牧业稳产保供和环境保护［N］．农民日报，2022-12-05（006）.

粪污资源化利用的创新模式。该省启动了一系列项目，包括整县推进畜禽粪污资源化利用、绿色种养循环试点、长江经济带农业面源污染治理等项目。此外，江西省还加强项目管理，实行挂点联系指导，强化定期调度、跟踪问效，开展联合检查，对进展靠后的县进行约谈督办，确保项目顺利推进。为确保项目成功实施，江西省实施了一系列措施以提高项目管理水平。例如，通过建立挂点联系指导制度，为项目实施提供指导和监督；通过定期进行项目进展审查和检查，对进度落后的县进行问责和指导。

通过实施这些创新模式，江西省在畜禽粪污资源化利用方面取得了显著进展。全省启动了28个整县推进项目，其中23个已完工，18个通过了竣工验收；开展了17个绿色种养循环试点县，施用了30多万吨畜禽粪肥，施用面积超过45万亩。畜禽粪污资源化利用不仅可以减少环境污染，还可以带来经济效益。除了为农业生产提供有机肥料外，畜禽粪污还可以发酵产生沼气并发电，将生产的电力卖回电网。这些好处不仅改善了环境，还促进了江西省畜禽业的发展。

在上述一系列项目推动下，江西省积极探索和推广多种畜禽粪污资源化利用的新模式。这些模式因地制宜，能够有效地解决当地的畜禽粪污问题，同时也促进了畜牧业的可持续发展和绿色生态环境的建设。在江西省赣州市、南丰县等地，推广了"猪—沼—果"等"小循环"模式，通过将猪场和果园相结合，实现了畜禽粪肥就近就地还田利用。在定南县、渝水区等地，发展了畜禽养殖废弃物第三方集中处理和综合利用企业，创新推广全域全量种养结合的"大循环"模式。在芦溪县、莲花县等地，则探索畜禽粪污资源化利用社会化服务模式，通过打通种养结合的"微循环"，引导和支持农民专业合作社向畜禽粪肥利用服务领域拓展，提供粪肥田间施用等配套服务。在抚州市东乡区，创新畜禽粪污资源化利用金融产品"畜禽智能洁养贷"，以"养殖经营权"为抵押，发放养殖废弃物资源化利用专项贷款，创建了金融支持绿色养殖的新机制。这些新模式的推广有助于有效解决畜禽粪污问题，降低环境污染，提高农业资源的利用效率，促进畜牧业的可持续发展和农村经济的发展。同时，这些新模式的推广也为其他地区提供了借鉴和启示，为全国畜禽粪污资源化利用的推广和应用提供了宝贵的经验。①

江西省还加强畜禽粪污资源化利用的监管工作，注重不同部门之间的沟通配合。为了确保规模养殖场配套设施和资源化利用项目的顺利实施，江西

① 雷少斐．江西：统筹抓好畜牧业稳产保供和环境保护［N］．农民日报，2022-12-05（006）．

省政府联合开展了一系列调查研究和专项行动，并加强了事中、事后监管，协调解决工作中遇到的问题。在督查检查中发现的问题，江西省政府列出了时间表和路线图，明确责任部门和责任人，并规定了整改的期限，以确保问题得到及时解决。同时，为了建立长效机制，江西省政府还举一反三，采取措施建立长效机制，防止问题再次出现。为了加强部门之间的工作衔接，江西省建立了农业农村部门业务指导与生态环境部门监督执法协同机制，规范了畜禽养殖污染问题移交工作。此外，江西省政府还建立了社会监督渠道，设立了举报电话，并建立了有奖举报制度，以便公众及时举报环境污染问题，加强监督力度。江西省政府将畜禽粪污资源化利用工作纳入地方党委、政府的重要考核内容，逐级压实责任，加强了绩效评价考核。这些措施有助于提高监管效能，确保畜禽粪污资源化利用工作的顺利推进，促进畜牧业的可持续发展和绿色生态环境的建设。

二、推进水产养殖污染治理

近年来，江西省政府在水产养殖污染治理方面采取了一系列措施。其中，禁养区面积达到 175.13 万亩，限养区面积达到 347.30 万亩，可养区面积为 272.55 万亩，有效管控了水产养殖的规模和密度，降低了水产养殖污染的风险。此外，江西省还积极开展水产养殖环保问题整改工作，加强了水产养殖污染治理的监管力度。通过强化水产养殖管理和监督，落实污染治理责任，江西省成功控制了水产养殖污染，维护了水域生态环境的可持续发展。这些措施取得了显著成效，截至 2018 年底，全省水产养殖面积已达 617.61 万亩，水产品总产量达到 256 万吨，水产总产值更是高达 1022 亿元。同时，全省 94 个县（市、区）已完成辖区内养殖水域滩涂规划编制与发布工作。

为了规范整治湖库养殖行为，江西省政府采取了严厉的措施，禁止在湖库中投放无机肥、有机肥和生物复合肥等养殖行为。目前，江西省已累计清理了 8.94 万亩湖泊水库围网、6.04 万亩围栏和 250.69 万平方米网箱，有效保护了水域生态环境。与此同时，江西省还积极开展了水产健康养殖示范创建活动。南城、余干两县 2018 年成功创建了农业农村部渔业健康养殖示范县，全省共有 4 个渔业健康养殖示范县和 463 个水产健康养殖示范场。

为了推广更多的水产生态健康养殖模式，江西省重点示范推广了稻渔综合种养、池塘鱼菜共生、池塘循环流水养殖、集装箱循环水养殖及连片池塘养殖尾水处理等水产生态健康养殖模式。全省稻渔种养综合种养面积已达到 100 万亩，评选出的“全省整县推进稻渔综合种养示范县”就有 10 个。可以看出，江西省在水产养殖污染治理方面取得了显著成效。

2022年4月6日，江西省农业农村厅印发了全省水产养殖百万亩绿色高标准池塘改造行动方案的通知，提出从2022年开始，通过分年实施、逐步推进，对全省百万亩集中连片养殖池塘进行绿色高标准改造，以提高其产能、减少渔业病害、最大限度减少自身污染。为了落实该方案，江西省决定实施一系列措施。首先，制定了《高标准水产养殖池塘改造建设技术规范》和《池塘养殖尾水治理建设规范》，并统一建设标准，每亩改造成本不低于5000元，其中财政补助资金为每亩4000元，地方及主体投入不少于财政投入资金的25%。其次，选择南昌、永修、都昌和鄱阳4个县为基本养殖池塘上图入库试点县，依托自然资源部门“三调”底图，通过内外业结合的方式，于2022年6月底前完成对县域范围内集中连片的基本养殖池塘全覆盖调查摸底和核查校正、上图入库。最后，推动建立重要养殖水域保护制度，全力保住渔业生产基本盘。该方案的实施将有助于提高水产养殖的生态环保水平，提高水产养殖业的生产效益和农民收入，促进江西省渔业可持续发展。未来，江西省将继续加大对水产养殖的环保力度，推广更多的绿色高标准池塘改造模式，为江西省渔业的可持续发展注入新的活力。

三、减量使用农药化肥

江西是中国的一个农业大省，拥有悠久的历史。江西省政府一直在努力减少农药化肥的使用量，以提高农业生产效率并减少对环境的影响。江西省政府官网最近发布的数据显示，江西省在过去的七年中，成功将化肥的折纯量从143.58万吨减少到108.59万吨，减少了24.4%。这相当于减少了250万吨的二氧化碳温室气体排放，为环境保护做出了积极的贡献。为了进一步推动农药化肥减量行动，江西省政府近两年来出台了一系列文件。这些文件旨在加强污染防治工作，推进绿色低碳循环发展经济体系建设，为实现碳达峰碳中和目标提供支持。这些文件的出台意味着江西省农药化肥减量增效进一步向纵深发展。

2022年7月20日，江西省发布了《江西省“十四五”节能减排综合工作方案》，旨在进一步推动江西省实现能源消耗下降、污染物排放减少和经济绿色转型的目标。根据这个工作方案，到2025年，江西省全省单位生产总值能源消耗比2020年下降14%，并力争达到14.5%。同时，江西省政府还将控制能源的消费总量，并且将降低产生的氮氧化物、挥发性有机物、化学需氧量和氨氮等废气废水的重点工程减排量，分别达到2.73万吨、1.41万吨、

8.41 万吨和 0.55 万吨的目标，以保护环境、减少污染。

2022 年 9 月 19 日，江西省农业农村厅和省发展改革委联合发布了《江西省农业农村减排固碳实施方案》，旨在推进农业农村减排固碳工作，减少农田氧化亚氮排放，达到减排固碳的目标。该方案明确提出要推进化肥减量增效行动，减少农田氧化亚氮排放。同时，将过去提出的“控氮、稳磷、增钾”施肥原则调整为“减氮、控磷、稳钾”，进一步对磷肥施用进行控制。该方案也提出了增加有机肥施用量、优化施肥技术等措施，以提高农业生产效益和资源利用效率。

2023 年 2 月 3 日，江西省农业技术推广中心发布了《2023 年江西省化肥减量增效技术行动推进方案》，旨在通过专项行动，完成 2023 年 6 万个土壤采样化验任务，测土配方施肥技术覆盖率稳定在 90%以上，化肥利用率实现稳步提高。同时，为了实现这一目标，该方案提出了一系列保障措施。首先，该方案强调压实工作责任。县级农技部门是推进化肥减量增效技术行动的责任主体，要深入农民群众，将化肥减量增效各项工作落到实处。设区市农技部门则要加强指导，全面落实本辖区工作任务。其次，该方案注重行动实效。技术培训要内容丰富，并将化肥减量增效的重要意义讲透，以确保化肥减量增效工作深入人心，达成广泛共识。现场观摩会要扩大影响，提高覆盖面，尽量做到线上线下同步观摩。最后，该方案提出加强宣传报道。要通过多种新闻媒体及手机微信平台及时跟踪报道行动推进情况和效果，充分发挥科技示范户现身说法的引导作用，邀请一批化肥减量增效技术直接受益农户或新型经营主体分享成功的做法和心得体会。各设区市每月报送一次工作进展，以确保行动顺利推进。

2023 年 4 月 3 日，江西省农业农村厅办公室印发了《到 2025 年化学农药减量化行动实施方案》，旨在通过三项目标及六项任务，提升绿色防控、统防统治和科学安全用药水平，降低化学农药使用强度，力争化学农药使用总量保持下降趋势。三项目标分别是：一是到 2025 年，水稻等主要粮食作物化学农药使用强度降低 5%以上，果菜茶等重要经济作物化学农药使用强度降低 10%以上。二是到 2025 年，水稻等主要粮食作物病虫害统防统治覆盖率达到 50%以上。三是到 2025 年，力争主要农作物病虫害绿色防控覆盖率达到 55%以上。六项任务分别是：一是聚焦主要农作物重大病虫害，推进病虫监测预警自动化、信息化、智能化、可视化。二是分区域、分作物建立绿色防控技术模式，加速集成推广应用。三是重点做强专业化防治服务组织，做优统防统治服务，提高统防统治覆盖率。四是构建农药使用监测与评估体系，制定监测评估办法，为化学农药减量使用提供科学依据。五是强化农药科学安全使用知识的普及推广，进一步提升农药科学使用水平，促进农药科学安全减量化使用。六是为了强化农药监管，规范农药经营和使用行为，要持续推行农药经营标准门店创建，提高农药经营服务水平。

同样是2023年4月3日，江西省农业农村厅印发《到2025年化肥减量化行动实施方案》，旨在推进全省化肥减量化工作，实现有机肥施用面积占比增加、测土配方施肥技术覆盖率稳定和水稻化肥利用率提高等目标。该方案分水稻主产区、油菜主产区、蔬菜主要产区、果茶主要产区四个不同区域，并分别提出了施肥原则和主要措施，同时提出了五条技术路径。其中，精准施肥减量增效是方案中的一项重点任务。依托信息化等手段加大测土配方施肥技术推广力度，提高配方肥、专用肥施用比例，以减少农民施肥的浪费。调优结构减量增效也是方案中的一项重要任务，通过引导肥料产品优化升级，大力推广新型功能性、增效肥料，从而实现化肥减量化的目标。另外，改进方式减量增效、多元替代减量增效和科学监管减量增效也是实现化肥减量化的技术路径。这些技术路径的推广将有助于提高农作物的产量和品质，降低化肥使用量，减少对环境的污染。此外，该方案还提出了一些具体措施，如推广种肥同播、侧深施肥、水肥一体化等高效施肥技术，并配套缓控释肥料和专用肥料，以实现节约用肥、减少化肥浪费的目的。该方案还鼓励农民采用多元替代化肥的方式，如增施有机肥、种植绿肥、秸秆还田、生物固氮等。

四、保护水生生物资源

江西省地处江南水乡，拥有丰富的水生生物资源，保护这些资源对于当地经济和生态环境都具有重要意义。因此，江西省一直在积极推动水生生物资源的保护工作。事实上，江西省早在1987年就在内陆水域实施休渔禁港制度，在鄱阳湖重要水域实行春季休渔3个月，在6个港湾实行6个月的冬季禁港。自此之后，江西省的捕捞生产秩序和渔业安全生产形势平稳，渔业资源形势稳中向好。休渔禁港制度是为了保护水生生物资源而实施的，也是江西省渔业保护工作的重要措施。这一制度的实施，有效地保护了水生生物资源的种群和生态环境，维护了渔民的生产秩序，保障了渔业安全生产。

江西省委、省政府为保护鄱阳湖水环境，出台了严格的生态环境保护制度。鄱阳湖是全国四大淡水湖之一，也是唯一没有富营养化的湖泊，因此更需要得到保护。鄱阳湖流域水环境综合治理的实施，涉及重点城镇环境治理、污水管网建设任务等多个方面。

江西省积极开展修复渔业资源及其生态环境的工作，推动渔业向绿色化方向发展。这是一项规模宏大的系统工程，需要汇聚八方之力。为此，江西省采取了一系列措施，推进水生生物保护工作。江西省已获批 6 个省级自然保护区、25 个国家级水产种质资源保护区和 4 个省级水产种质资源保护区。这些保护区的设立，为江西省的水生生物保护工作提供了重要保障。江西省的水生生物保护区体系以水生野生动物保护为主，以水产种质资源保护为重要补充，以鄱阳湖和五河渔业水域保护为重点。江西省的修复渔业资源及其生态环境工作取得了显著成效。水生生物保护区的设立和完善，有效保护了江西省的水生生物资源，促进了渔业的可持续发展。同时，这些保护区的建立也为江西省的生态旅游、科学研究等提供了重要支撑。

长江江豚是全球唯一的淡水江豚亚种，生存历史已有 2500 万年，是长江生态系统中的珍稀物种，被誉为“活化石”和“水中大熊猫”，已被世界自然基金会确定为全球旗舰物种。然而，随着环境质量的不断下降，江豚数量以惊人的速度减少，每年平均下降 13.7%。为此，江西省建立了鄱阳湖长江江豚省级自然保护区，禁止在保护区采砂、非法捕捞等作业。为增加江豚饵料资源，江西省坚持人工增殖放流，放流经济物种超过 6 亿尾，放流珍稀濒危物种约 18 万尾（只），放流水域覆盖了江西省主要江河湖泊、鱼类“三场一通道”及水生生物保护区等重要渔业水域。同时，在 35 个水生生物保护区建立健全江豚巡护救护网络体系，加强水生生态环境监测研究，建立水生生物种群恢复机制，推进长江重要物种遗传基因库和档案库建设。这些措施有效保障了江豚资源，推动恢复生态平衡。江西省农业农村厅发布的《2022 年江西省水生生物资源及生境状况公报》中的监测结果显示，2022 年江西省水生生物多样性水平总体稳定，资源量总体呈恢复态势，生境状况总体良好；其中监测到长江江豚数量达到 638 头次，创历史新高。这是江西省深入推进生态文明建设，强化江豚资源保护取得的重要成果。

2019 年 5 月 22 日，江西省人民政府办公厅发布了《关于加强全省水生生物保护工作的实施意见》，旨在加强全省水生生物的保护工作。根据实施意见，2020 年，全省水生生物保护区即水生生物自然保护区和水产养殖资源保护区基本实现禁捕，长江江西段、鄱阳湖、东江源禁渔期与国家同步，长江江豚等珍稀濒危物种重要栖息地得到有效保护。到 2025 年，水域生态环境恶化和水生生物多样性下降趋势基本遏制。到 2035 年，水生生物保护区、长江干流江西段、鄱阳湖和五河干流等重要水域的生态环境明显改善，水生生物栖息地得到全面保护，水生生物多样性有效恢复。实施意见还提出了强化源头防控、提升保护地监管能力、稳步推进重点水域禁捕、实施生态修复工程等十六个方面的主要任务，以确保珍稀濒危物种和水生生物多样性保护等工作落到实处。

近年来，江西省持续将生物多样性保护作为生态文明建设的重要内容，也在推进相关工作。2022年8月19日，江西省政府办公厅印发了《关于进一步加强生物多样性保护的实施意见》，强调加强生物多样性保护工作，确保重要生态系统、生物物种和生物遗传资源得到全面有效保护，并为此提出了一系列具体措施，其中就提到了建立水生生物资源监测体系。文件下发后，江西省成立了水生生物资源调查监测体系领导小组办公室，领导各地的相关工作。例如，九江市农业科学院长江修河站根据江西省水生生物资源调查监测体系领导小组办公室统一安排，开展了2022年第一次水生生物资源调查监测工作；江西省水生生物资源监测培训交流会于2023年3月31日至4月1日在南昌召开，此次培训交流，进一步提高了江西省水生生物资源监测能力等。

江西省持续推进长江“十年禁渔”计划，通过联合公安、市场部门开展专项执法行动打击非法捕捞行为，确保水生生物资源得到保护。江西省还加强了长江江豚保护，构建江豚保护救助网络，积极应对极端天气，成功解救被困江豚111头。这些措施有利于保护江西省内的生物多样性和水生生物资源，防止它们的栖息地和生态环境受到破坏。

五、整体提升农村人居环境

农村人居环境可以影响人民生活质量、促进农村经济发展、保护生态环境、维护社会稳定和文化传承等。重视和改善农村人居环境是实现农村可持续发展和乡村振兴的重要任务，需要政府、社会各界和居民共同努力，采取综合的措施，推动农村人居环境的持续改善。

改善农村人居环境是一个长期的任务，江西省将其作为实施乡村振兴战略的重要工作之一。为此，中共江西省委办公厅和江西省人民政府办公厅于2018年6月1日联合印发了《江西省农村人居环境整治三年行动实施方案》。该方案旨在通过三年的努力改善江西省的农村人居环境状况。2020年底，该方案的目标任务基本完成。其中，全国农村卫生厕所普及率超过65%，这是一个重要的进步。累计新改造农村户厕超过3500万户，这意味着越来越多的农村家庭拥有了更加卫生、安全的生活环境。此外，农村生活垃圾收运处置体系已覆盖90%以上的行政村，农村生活污水治理也取得了新的进展。95%以上的村庄开展了清洁行动，说明农村居民的环保意识正在逐步提高。

2021年12月7日，中共江西省委办公厅和江西省人民政府办公厅向社会印发了《江西省农村人居环境整治提升五年行动实施方案（2021—2025年）》，旨在巩固和拓展江西省农村人居环境整治三年行动的成果，进一步提升江西省的农村人居环境。该方案的目标是到2025年显著改善江西省的农村人居环境。其中包括提高农村生活污水治理率至30%以上，控制乱倒滥排现象；进一步提高农村卫生厕所普及率，有效处理厕所粪污；提升农村生活垃圾无害化处理水平，实现有条件的乡镇、村庄生活垃圾分类和源头减量；提高农村人居环境治理水平，建立长效的管护机制。

江西省积极推进农村人居环境整治提升，实施“村庄整治建设”专项提升行动。此外，江西省还将加强对村庄环境的日常管护，确保整治成果的可持续性。这一行动将在“十四五”期间逐步推进，力争基本实现宜居不迁并村组的整治建设全覆盖。

为了推动农村人居环境整治提升，江西省还实施了“美丽宜居先行县建设”专项提升行动。该行动旨在发挥江西省山水生态、田园风光、产业特色等资源优势，以高品质建设提升一大批美丽宜居示范带，进一步引领农村人居环境由村庄整治向功能品质提升迈进。为此，江西省对美丽宜居县实施动态监管，并每年建设一批美丽宜居乡镇（村庄、庭院），以示范引领农村人居环境整治提升。充分利用江西省山水生态、田园风光和产业特色等资源优势，高品质建设一批美丽宜居示范带，打造集休闲、观光、生态、文化、产业于一体的宜居生态环境。

为了推动乡村的绿化美化，江西省将深入实施乡村绿化美化行动，采取因地制宜的方式开展荒山荒地荒滩绿化，突出保护乡村山体田园、河湖湿地、原生植被和古树名木等。在绿化美化方面，江西省支持有条件的地方开展森林乡村、乡村森林公园和小微湿地建设，同时实施水系连通及水美乡村建设试点。这些举措将有助于保护和改善江西省乡村环境，提升居民的生活质量。除了绿化美化，江西省还将加强传统村落和历史文化名村名镇的保护。江西省将进一步完善传统村落保护名录，持续开展传统建筑调查、认定、建档和挂牌工作，推进传统村落挂牌保护，建立动态管理机制。此外，江西省还将探索传统村落保护发展新路径，推进传统村落集中连片保护利用示范区建设。

六、江西省污染治理的经验及启示

江西省在治理畜禽养殖污染问题、推进水产养殖污染治理、减量使用农药化肥、保护水生生物资源、整体提升农村人居环境等方面采取了多项措施，并取得了一定的成绩，其经验和启示值得学习借鉴。

在治理畜禽养殖污染问题方面，江西省加强了畜禽养殖场的环境监管，加强了养殖场的规范化建设和管理，严格落实污染物排放标准，限制养殖场的规模和密度，加强养殖废弃物的处理和利用。同时，还强化了养殖业的科学管理，推广了环保型养殖技术，提高了畜禽养殖的环保水平，减少了养殖业对环境的污染。

江西省在畜禽养殖污染控制方面的成功经验表明，环境保护法律法规的严格执行是治理畜禽养殖污染的关键。只有严格执行环境保护法律法规，严格控制畜禽养殖废弃物的排放，才能有效地治理畜禽养殖污染。加强养殖场的规范化建设和管理是治理畜禽养殖污染的重要措施。只有建设规范化的养殖场，加强养殖场的管理，才能减少畜禽养殖废弃物的排放，降低对环境的污染。推广环保型养殖技术是治理畜禽养殖污染的重要手段。只有推广环保型养殖技术，提高养殖环保水平，才能减少养殖业对环境的污染。加强科技创新是治理畜禽养殖污染的重要手段。只有加强科技创新，研发环保型养殖技术，提高畜禽养殖的环保水平，才能有效治理畜禽养殖污染。

在推进水产养殖污染治理方面，江西省重点建设水产养殖污染治理设施，加强了水产养殖场的监管和管理，严格控制水产养殖场的规模和密度，限制水产养殖池塘的数量和面积，加强水产养殖废弃物的处理和利用，降低了水产养殖对水环境的影响。

江西省在推进水产养殖污染治理方面的经验表明，加强水产养殖污染治理法规制度建设是治理水产养殖污染的重要保障。只有建立健全的法规制度体系，加强对水产养殖行业的监管，才能有效地治理水产养殖污染。推广环保型水产养殖技术是治理水产养殖污染的重要手段。只有推广环保型水产养殖技术，提高水产养殖的环保水平，才能减少水产养殖对水环境的污染。加强水产养殖废水处理是治理水产养殖污染的重要措施。只有加强水产养殖废水的处理，减少废水对水环境的污染，才能有效地治理水产养殖污染。加强技术创新是治理水产养殖污染的重要手段。只有加强技术创新，研发环保型水产养殖技术，提高水产养殖的环保水平，才能实施有效治理。

在保护水生生物资源方面，江西省加强了对水生生物的保护和管理，严格控制水生生物资源的开采和捕捞，加强了水生生物的保护区建设和管理，促进了水生生物资源的恢复和发展。

江西省在保护水生生物资源方面的经验表明，加强水环境保护是保护水生生物资源的重要保障。只有保护好水环境，减少水污染，才能创造良好的生存和繁殖条件，保护水生生物资源。加强生态系统保护是保护水生生物资源的重要措施。只有保护好生态系统，维护生态平衡，才能提供适宜的生境和丰富的食物，保护水生生物资源。加强资源管理和监测是保护水生生物资源的重要手段。只有加强对水生生物资源的管理和监测，掌握水生生物资源的数量和分布情况，及时制定保护措施，才能保护好水生生物资源。加强宣传和教育是保护水生生物资源的重要手段。只有通过宣传和教育，提高公众对水生生物资源保护的意识和重视程度，才能形成社会共识，推动水生生物资源保护工作的开展。

在整体提升农村人居环境方面，江西省加强了农村环境整治和卫生管理，建设了卫生厕所和垃圾处理设施，提高了农村人居环境的整体水平。

江西省在整体提升农村人居环境方面的经验表明，加强政策引导和资金投入是整体提升农村人居环境的重要保障。只有通过政策引导和资金投入，才能有效地推动整体提升农村人居环境的工作。推广清洁能源和节能环保技术是整体提升农村人居环境的重要手段。只有推广清洁能源和节能环保技术，减少污染物排放，才能保障农村人居环境的健康和舒适。加强垃圾处理和污水治理是整体提升农村人居环境的重要措施。只有加强垃圾处理和污水治理，减少垃圾和污水对环境的污染，才能保障农村人居环境的清洁和卫生。加强宣传和教育是整体提升农村人居环境的重要手段。只有通过宣传和教育，提高农民的环保意识，增强他们的环境保护意识和能力，才能有效地推动整体提升农村人居环境的工作。

第三节　广东省农业面源污染治理经验借鉴及其启示

农业面源污染是当前农业资源环境受到破坏的重要表现，对于农业可持续发展和乡村振兴具有重要意义。为了解决这一问题，广东省早在 2014 年就启动了亚洲最大、国内首个世界银行贷款农业面源污染治理项目（以下简称世行项目)，成为全国农业面源污染治理的典范。世行项目总投资达到了 13.4 亿元人民币，分为两个子项目，即环境友好型种植业子项目和牲畜废弃物治理子项目，通过这两个子项目，探索农业面源污染可持续治理机制。

一、环境友好型种植业子项目打造生态景象

环境友好型种植业子项目共涉及 26 个项目县，92 个镇，576 个村，10.6 万个农户。该项目采用保护性耕作等环保措施，通过试点示范和推广应用，

成功减少了农药和化肥的使用量，同时促进了水稻产量的提高。根据第三方机构监测，项目后农户的农药、化肥使用量较项目前分别减少了30.9%、30.6%。2014—2019年，项目累计减施化肥（折纯）1.7万吨、减施农药（有效成分）813吨。农田总氮减排率平均达26.3%，总磷减排率平均达36%。水稻亩产量普遍增幅达18.9%。此外，该项目还取得了显著的生态效益，项目区再现了“田间闻鸟语，水渠见鱼蛙”的生态景象，彰显了环境友好型种植业的优势和价值。

环境友好型种植业子项目通过补贴政策引导农户减少化肥、农药的使用，提高农业生产的效率和品质。这些子项目针对散户、种植大户、农场、企业、合作社等补偿对象，共建立10种类型补偿政策，从而实现了精准补贴农户。符合条件的农户自愿申请参加项目即可获取IC卡，卡内仅有补贴额度且不能兑现金，农户只有到指定农资店购买指定农资和服务刷卡消费时，才可进行相应补贴。整个补贴发放过程中，农户只获取生产物资和服务，不接触现金。补贴政策的实施，引导农户使用配方肥、缓（控）释肥、高效低毒农药、生物农药和高效电动喷雾器等，且少用化肥、农药。实践证明，科学种植，少用化肥、农药，亩产量不降反升，农户的耕作成本也降低了，农户切身体验到环境友好型农业生产方式的成效。为了进一步推动环境友好型农业的发展，从2019年起，惠阳、惠城、博罗、开平、台山、恩平6个县的农户不再享受农药、化肥和喷雾器的补贴，其他20个县的项目农户调减农药和化肥的补贴标准，农药补贴由35%调到20%，化肥补贴标准由25%调到15%。

环境友好型种植业子项目下的水稻保护性耕作模式，包括免耕同步施肥机插秧、少耕同步施肥机插秧、菜地水稻同步施肥旱撒播等10种模式，以及玉米保护性耕作试点，探索出免耕机械移栽、免耕机械播种、浅耕机械移栽、浅耕机械播种4种模式。通过这些耕作模式，水稻亩产增收430~1973元，玉米亩产增收430~1973元。特别是菜地轮作水稻方式，采取少耕或免耕模式，无须加肥，采用菜地的喷灌系统，全程不耕作、不灌水或少灌水，亩产达400公斤以上，比传统种植方式效果显著。

可以看出，保护性耕作模式在推动环境友好型农业的发展方面具有重要的作用。通过这种模式，可以降低耕作对土地的破坏，减少对环境的污染，提高作物的产量和品质，进一步推动可持续农业的发展。

二、独具特色的牲畜废弃物治理子项目生态模式

在畜牧业生产过程中，牲畜废弃物的处理一直是一个难点问题。而牲畜

废弃物治理子项目的实施，就是为了提高养殖场的环境保护能力，减少污染。该项目总工程数量为132个，涉及养殖场125家，分布在广东全省15个地市。通过采用科学合理的处理方式，这些项目可以有效去除养殖场COD、氨氮、磷等污染物，降低环境污染的程度。根据第三方机构监测，项目养殖场COD、氨氮、磷去除率分别达98.68%、95.61%、96.89%。这说明牲畜废弃物治理子项目在减轻环境污染方面取得了显著成效。

牲畜废弃物治理子项目创建了生猪高床生态养殖新模式，将养殖与废弃物处理有机结合起来。这种模式的特点是，猪舍采用两层结构，第二层地面为漏缝地板，牲畜废弃物通过漏缝地板落入猪舍第一层垫料，经机械翻耙，发酵分解。通过这种模式，可以实现废弃物的处理和养殖的有机结合，达到环境友好型养殖的目的。为了扶持和推广这种新模式，世界银行项目补贴生猪高床生态养殖设施建设增量费用。养殖企业根据世行认可的技术方案自行聘请有资质的专业机构进行设计和施工，省项目办验收通过后予以补贴①。

生猪高床生态养殖新模式的推广应用，不仅可以实现废弃物的处理，还可以提高养殖的生产效率和品质，为畜牧业的可持续发展提供了有力支持。具体来说，这种新模式带来了以下多项效益：首先，通过自动温度控制、垫料发酵降解、臭气处理等方式，实现了从“先污染后治理”向生产过程中治理的转变。在养殖过程中，不需要对废弃物进行冲水处理，下层以垫料为载体承接废弃物发酵降解，通过通风设备将发酵过程中产生的水分排出到舍外，并通过臭气处理设施对臭气进行吸收降解处理，切实达到了免冲洗猪栏、“零排放”、无臭味的效果，在养殖过程中就处理了废弃物，直接减少污染。其次，生猪高床生态养殖新模式可以减少用水量达80%以上，并基本实现无污水排放。经测算，与传统养殖相比，已投产高床项目存栏生猪5.65万头，年节水41万吨，节水量达80%以上。再次，生猪高床生态养殖新模式有效实现了农业生态循环。高床养殖用木糠、秸秆、甘蔗渣、谷壳等种植废弃物与生猪废弃物在机械搅拌作用下混合发酵，形成有机肥原料，经加工实现有机肥“固粪还田”，形成生态闭环。最后，生猪高床生态养殖新模式带来了明显的经济效益。经第三方机构监测测算，年出栏1万头商品猪年生产高质量有机肥800吨，大幅提高了农作物秸秆利用率。另外也有效节省了治污设施用地与减少单位猪的用地面积。

---

① 杨广丽，谢欢．世行贷款广东养殖业项目助推打赢污染防治攻坚战［J］．广东经济，2018(7)：22-27.

对于传统生猪养殖方式，牲畜废弃物治理子项目还创新了治理模式，为生猪养殖行业的可持续发展提供了有力支持。广东省生猪养殖业年出栏量低于2万头的养殖户占比超过八成，且高床养殖初始投入大、要求高，对传统生猪养殖模式进行改造升级更切合实际。为此，世行项目开展了能源生态型模式和能源环保型模式两种探索。能源生态型主要以综合利用为主，使粪便多层次资源化利用，并最终达到园区内的粪污“零排放”。能源环保型则主要以污水达标排放为主，通过多级处理，最终达到环保部门批复的出水标准。在项目实施过程中，补贴比例不高于65%，由省项目办统一招聘承包商负责设计和施工建设。经第三方机构监测测算，存栏万头传统养殖场废弃物处理系统每天可产生沼气约1000立方米，若全部沼气用于发电，可发电1430度，折算每天创收985元，折算每年创收约36万元。这不仅实现了废弃物的资源化利用，减少了环境污染，还带来了经济效益。据统计，目前26家养殖场累计发电1317万度，生猪养殖行业的环保治理工作取得了显著成效。

三、广东省污染治理的经验及启示

打好农业面源污染防治攻坚战，有利于保障农产品产地环境安全，促进农业资源永续利用，改善农业生态环境。广东省在这一方面取得了一定成效，具有一定的启示意义。

政策支持是做好农业面源污染治理项目的前提基础。农业面源污染治理项目符合国家乡村振兴战略、可持续发展战略要求，在推进农业绿色发展上具有示范性和前瞻性。因此，政府高度重视该项目的实施，为其提供了全方位的政策支持。广东省政府多年来一直将农业面源污染治理项目列为重点工作。广东省出台了一系列政策保障，如加大资金投入、优化项目管理、加强技术支持、建立基金等，为农业面源污染治理项目提供了有力保障。同时，广东省发展改革委、财政厅、生态环境厅等多个部门通力合作、全力支持，各市县政府密切合作高效执行，确保了项目顺利推进。这些都说明，政策支持是农业面源污染治理项目能够取得成功的重要保障。各地各级政府应加大对于农业面源污染治理工作的投入，积极推动相关政策的落实，为农业绿色发展提供更加有力的支持。同时，还应加强对项目的监督和管理，确保项目取得更加显著的成效。

做好农业面源污染治理项目需要一个开放的平台。广东省世行项目在亚洲同类项目中是最大的，得到了世界银行高层的关注和重视。世界银行官员及环境、可持续发展、农业管理等多领域专家先后多次赴粤考察，为广东的农业面源污染治理项目提供了宝贵的经验和技术支持，助推项目率先启动。有了世界银行的支持，广东省政府得以投入充足的资源治理农业污染问题，推进农业绿色发展。世界银行的支持不仅是对广东农业面源污染治理项目的肯定，更体现了世界银行在全球可持续发展工作中的重要贡献。开放平台的作用在于促进资源共享，推动技术创新和合作发展。广东农业面源污染治理项目能够得到世界银行的支持，也充分体现了广东省政府开放、包容的态度。

农业面源污染治理项目的顶层设计是决定项目成功的关键。广东省世行项目是国内首个利用世界银行资金实施的农业面源污染治理项目，缺乏可借鉴经验，具有很强的挑战性。在农资定价、采购需求、培训指导、信息管理等具体工作方面，必须在顶层设计大框架下进行，依靠集体智慧边摸索、边推进。以环境友好型种植业子项目为例，其在设计过程中，各级项目办、专家技术人员、实施主体全程参与，综合考虑成熟技术的大面积应用与新技术的创新试点，历时两年多充分论证，使顶层设计贴近实际，可操作性强，项目实施比较顺利。这说明在顶层设计中充分考虑实际情况和各方面的需求，参与者的意见充分听取，顶层设计才能更符合实际情况，具有较强的可操作性。事实证明，农业面源污染治理项目的顶层设计必须注重实际情况，充分听取各方面的意见，进行充分论证，以确保顶层设计贴近实际、可操作性强、科学合理。只有这样，农业面源污染治理项目才能够顺利推进，取得更好的成效。

社会需求是农业面源污染治理项目付诸实施的动力源泉。农业面源污染治理项目在实施过程中，应调研和深入了解农民的需求，尤其是要充分考虑农户的现状、需求和利益，让他们自愿申请加入，并以他们认可的方式予以实施，让农户得到实实在在、看得见、摸得着的成效，从而赢得群众的支持。与此同时，要想使项目最终取得成功，必须千方百计调动基层组织的积极性，给予镇政府、农办、村委会、技术指导员、技术助理一定的自主权，以便其发挥组织发动、示范带动、监督保障的作用，从而提高工作的针对性和有效性。总之，农业面源污染治理项目应加强与社会的沟通和互动，调研村民的需求，不断完善治理措施，提高治理效果，让更多的人受益。同时，也应该加强基层组织的建设，赋予村委会更多的权力和自主权，充分发挥基层组织的作用，推动社会各方面的积极参与，共同为农业面源污染治理贡献力量。

农业面源污染治理项目的实施需要专业管理团队和专业技术的支撑，这是保证项目取得实效的关键。在管理方面，一个好的项目管理团队可以协调各方面资源，确保项目能够按照规划顺利实施。同时，管理团队还能够提高项目实施的效率，降低项目的成本。管理团队需要具备丰富的项目管理经验和良好的团队协作能力，才能够有效地推进项目实施。对于农业面源污染治理项目而言，技术支撑可以极大地提高项目的效率和治理效果。广东省环境友好型种植业子项目下的水稻保护性耕作模式的大面积推广，其实是其水稻的控肥、控苗、控病虫，以及绿色防控和统防统治等集成技术，这些无疑需要专业管理团队和专业技术。事实说明，这类项目需要注重研究探索储备前沿技术，以保持技术领先优势，并注重集成当地成熟的先进适用技术，以更好地适应当地的实际情况。除了依靠外部资源外，还需要立足本地人才和技术资源。通过项目的实施，可以培养本地人才，提高当地的技术水平。项目可以依靠本地人才推进实施，从而更好地适应当地的实际情况，提高项目的实施效率和治理效果。

解决农业面源污染问题，必须进行全域综合治理。要根据我国的国情，采取法律约束与政策激励相结合的综合措施。这些措施应以全流域、全地域为单元，坚持预防、控制、治理相结合，将种植、养殖污染一起治理，让农业农村、生态环境等部门共同参与，形成工作合力，提高治理成效。同时，还要重视技术和制度的双重推进，加强制度建设，做好技术推广，鼓励农民采用环保技术和绿色生产方式。生态补偿和严格执法是全域综合治理中两个重要的支撑。生态补偿可以激励农民采取环保措施，促进绿色发展。同时，也可以鼓励地方政府在治理工作中积极参与，提高治理成效。而严格执法则可以保证治理工作的顺利进行，对违法企业和个人进行严格的惩罚，杜绝污染行为的发生。总的来说，通过全域综合治理，可以有效地治理农业面源污染问题，为我国的生态环境保护做出应有的贡献。

第七章　乡村振兴背景下福建省农业面源污染治理效率的提升路径

本部分旨在设计福建省农业面源污染治理效率的提升路径。我们基于对福建省农业面源污染治理效率时空演变特征和影响因素的分析结果，同时借鉴国内兄弟省份农业面源污染治理的先进经验，以实现乡村振兴为目标，从生态宜居协调发展、农村产业兴旺、农业面源污染治理方式和治理效率提升保障措施等角度出发，设计福建省农业面源污染治理效率的提升路径，并提出相关建议。

第一节　围绕生态宜居协调发展目标的农村人居环境整治

围绕生态宜居协调发展目标的农村人居环境整治，是指在促进农村生态宜居协调发展的基础上，通过治理农村生活污水、垃圾、黑臭水体等环境问题，提高福建省农村生态环境质量和健康水平。这些工作的开展需要依托完善的治理机制、科学的技术手段和充足的经费支持，同时需要加强政府、企业、社会组织和群众等各方的协作，共同推进农村环境治理工作，全面实现生态宜居协调发展目标。

一、福建省农村生活污水整治的建议

福建省农村生活污水治理工作近年来取得了显著成效。福建省出台了《福建省农村生活污水处理技术指南》，总结了化粪池、净化沼气池、厌氧生物膜池、接触氧化池、生态滤池、人工湿地、稳定塘7种处理技术，提出散户（分散）式和集中式等6种推荐工艺组合，为污水治理提供了技术支持。同时，还对农村用水与排水量指标、进出水质、污水收集系统、水质检测、设施运行维护管理等提出了具体指导意见，进一步增强了污水治理规范监督能力。除此之外，福建省还因地制宜开展污水处理项目建设，实现了区域差别化管理。镇区和集中建成区采用集中收集、统一处理，采取分散型生态处

理方式解决偏远地区和居住分散区的农村生活污水处理问题。整治区域的选取注重轻重缓急，优先解决重点流域和农村小流域范围内涉及村庄、重要饮用水源地和重要湖区周边村庄。在整治技术选取方面，早期福建省分散式污水处理多采用高负荷地下渗滤污水处理技术，通过土壤微生物对污染物分解转化。2014年之后，部分人口分布密集地区推广一体化污水处理设施，采购安装了多点进水高效生物反应器，提高了农村生态环境质量和健康水平。

福建省虽然探索出了适合不同地区的农村污水处理模式，在一定程度上推动了农村生态宜居协调发展目标全面实现，但在实地调查过程中笔者发现，目前仍存在部分设施不能正常运转、偏远山区污水处理设施建成未普及、配套标准体系建设不健全等现象。因此，笔者对福建省农村生活污水治理的下一步工作提出如下建议。

（一）完善政策支持和法规制度

完善政策支持和法规制度是农村生活污水治理工作的基础和关键。农村生活污水治理是一个复杂的系统工程，福建省应加大对农村生活污水治理工作的政策支持力度，具体包括以下几点：政府应加大财政投入，向农村生活污水治理倾斜，提高治理效率和质量；政府应出台相关政策，引导农村居民主动参与污水治理，并对参与治理的居民给予相应的奖励和补贴，以提高居民的治理积极性；对于没有治理污水的村庄和个人，应该进行严格的处罚和惩罚，以推动农村生活污水治理工作的开展；应加强对农村生活污水治理政策的宣传，提高农村居民的认识和理解，促进居民对治理工作的支持和配合；完善相关的环境法律法规，如环境保护法、水污染防治法等，同时还需制定有针对性的农村生活污水治理法规，明确治理的目标、范围、责任和监管等方面的内容。此外，还需要建立健全的污水处理设施建设、运营、维护和管理等方面的规章制度；制定相关的技术标准和行业标准，确保污水治理工程的质量和安全。例如，制定农村生活污水处理工程设计、施工、验收等方面的技术标准，以及对污水处理设施的排放标准等。也应加强对农村生活污水治理的监管和执法，对违法行为进行严厉打击，对治理工作中的问题及时发现和处理，保障治理工作的顺利进行。

（二）推广先进技术

通过引进和应用先进的技术和设备，可以提高农村生活污水治理的效率和质量，同时也能够降低治理成本和对环境造成的影响。具体而言，推广先进技术可以从以下几个方面入手：应当采用符合当地实际情况的处理工艺，如生物法、物化法、化学法等，同时也应该推广先进的污水处理技术，如MBR、MBBR、SBR[①]等，这些技术能够有效地去除有机物和氮磷等污染物，提高水质；应当采用高效、稳定的设备，如反渗透、超滤、紫外线消毒等，这些设备具有高效去除污染物、低能耗、占地面积小等优点，适合农村地区使用；应当推广智能化污水处理系统，如远程监测、自动化控制等，这些技术可以实现对污水处理设施的实时监测和控制，从而提高治理效率和水质稳定性；应当推广污水资源化利用技术，如污水灌溉、污泥肥料化等，这些技术可以将污水转化为资源，实现环境保护和经济效益的双赢。

（三）建立污水处理设施运维体系

运维体系的建立可以保障污水处理设施的正常运行，延长设施的使用寿命，提高治理效率和水质稳定性。为此，要建立污水处理设施运维体系，首先要制定相关的运维规章制度，明确运维人员的职责和义务，规范运维程序和标准。制定的规章制度应当包括设施的日常运维、定期检修、应急处理、设备更换和维修等方面的内容。建立完善的设施维护保养机制定期对设施进行维护和保养，包括设备清洗、更换、调试、检修等。同时，建立设施维护记录，及时发现和处理设施问题，确保设施的正常运行和安全性。加强运维人员的培训和管理，提高其运维技能和意识。通过定期的技能培训和考核，提高运维人员的专业素质，加强运维人员的安全意识和责任意识，确保设施的安全运行。建立设施运行数据监测和评估机制，及时掌握设施的运行情况和水质数据，对设施进行评估和维护，及时发现和解决问题，提高设施的运行效率和水质稳定性。加强对设施的安全管理，建立健全的安全管理制度和应急预案，加强设施的安全监测和管理，确保设施运行的安全性和稳定性。

（四）强化宣传教育

通过宣传教育，可以提高公众的环保意识和责任意识，增强公众的参与意识和支持度，推动农村生活污水治理工作的顺利开展。为此，要加强宣传工作，并建立健全的舆情监测和管理机制。在宣传方面，可以通过新闻媒体、

① MBR是膜—生物反应器（Membrane Bio-Reactor）的简称，是现代污水处理的一种常用方式；MBBR是移动床生物膜反应器（Moving-Bed Biofilm Reactor）的简称，是近年来颇受研究者重视的另一种污水处理方式；SBR是序批式活性污泥法（Sequencing Batch Reactor Activated Sludge Process）的简称，是一种按间歇曝气方式来运行的活性污泥污水处理技术。

广播电视、网络、宣传单、标语等多种方式，向公众宣传农村生活污水治理的重要性、治理进展和成效等方面的信息，提高公众的环保意识和责任意识。在机制方面，要通过建立健全的舆情监测和管理机制，及时发现和处理公众反映的问题和意见，加强对污水治理工作的监督和舆论引导，确保治理工作的公正、透明和有效。

（五）实施综合治理

综合治理即通过对污水治理工作进行全面、系统的规划和实施，采取多种手段、措施，从源头、过程、终端等多个环节入手，综合解决这个问题。通过制订全面、系统的污水治理规划，结合当地的实际情况，科学、合理地设计污水治理方案，包括污水处理设施的选址、建设、运行、维护等方面的内容。同时，应当注重污水治理的可持续性和适应性，确保治理效果长期稳定。通过采用不同的污水处理技术和设备，如生物法、物化法、化学法等，综合解决污水治理问题。此外，还可以采用其他手段，如湿地自净、植物净化等，综合治理污水问题。通过加强垃圾清运和处理、农村环境卫生整治等工作，减少污染源的排放，为污水治理创造良好的环境条件。通过加强水资源管理和保护，促进水资源的合理利用和保护，减少对水资源的过度开发和污染，为农村生活污水治理提供可靠的水资源保障。通过建立健全的污水治理监管和评估机制，加强对污水治理工作的监督和管理。

（六）加强监测与评估

通过加强监测与评估，可以及时掌握污水治理工作的进展和效果，发现和解决问题，提高治理效率和水质稳定性。通过建立健全的监测体系，及时、准确地掌握农村生活污水治理工作的进展和效果。监测体系应当包括对污水排放量、水质指标、设施运行情况等方面的监测，建立污水监测站点，采取多种监测手段和方法，确保监测结果准确可靠。定期对治理工作的效果进行评估。评估应当包括对污水处理设施的运行情况、水质指标、污水排放量等方面的评估。评估结果应当及时公开，向公众展示治理效果和成效。通过加强对污水处理设施的检查和监管，及时发现和解决设施问题，确保设施的正常运行和水质稳定性。监管应当包括对设施的安全管理、设施的日常运维、设备更换和维修等方面的监管。

（七）完善项目管理

完善项目管理，可以提高治理工作的效率和质量，确保治理项目的顺利实施。通过建立健全的项目管理机制，明确项目的组织结构、职责分工、决策程序等，确保项目管理的科学化、规范化和制度化。项目管理机制应当包括项目立项、项目实施、项目监督、项目评估等方面的内容。通过对项目进行全面、系统的规划和设计，科学、合理地确定项目的建设内容、建设规模、建设时间、建设费用等方面的内容，确保项目建设的顺利实施。同时，应当注重项目的可持续性和适应性，确保项目建设的长期效益。通过建立健全的项目管理制度和监督机制，加强对项目实施过程的监督和管理，确保项目建设的质量和进度。监督和管理应当包括对项目进度、质量、安全、环境等方面的监督和管理。通过建立健全的资金管理制度和监管机制，加强对项目资金的监管和管理，确保项目资金的使用合规、透明、有效。资金管理应当包括对项目招投标、合同签订、资金使用、资金结算等方面的管理。

（八）加强合作与交流

加强合作与交流可以充分利用各方资源和优势，共同推进污水治理工作，提高治理效率和水质稳定性。通过建立健全的政府部门之间的沟通协调机制，加强协作和交流。政府部门应当加强信息共享和资源整合，形成合力。通过鼓励企业和社会组织参与污水治理工作，充分利用各方资源和优势，推进污水治理工作。企业和社会组织可以提供技术支持、资金支持、人才支持等帮助。通过加强与相关研究机构和高校的合作与交流，充分利用科技创新的力量，推进污水治理工作。相关研究机构和高校可以提供科研支持、技术支持、人才支持等帮助。加强与其他地区的合作与交流，借鉴其他地区的经验和做法。同时，也可以向其他地区分享福建省污水治理的经验和做法，促进污水治理工作的全面推进。

二、福建省农村生活垃圾整治的建议

农村生活垃圾是农村环境面临的主要问题之一，对于生态环境和人民健康都有着很大的影响。通过农村生活垃圾整治，可以改善农村环境质量，保护生态资源，促进农村社会经济可持续发展。随着农村经济的发展和生活水平的提高，农村生活垃圾的数量和种类不断增加，给农村环境带来了严重的污染和卫生问题。农村生活垃圾整治可以有效清理和处理垃圾，减少其对土壤、水源和空气的污染，保护生态环境和生物多样性。此外，农村生活垃圾整治还能提高农村居民的生活环境和卫生条件，减少疾病传播的风险，提高居民的生活质量和幸福感。同时，整治农村生活垃圾还有助于资源回收利用，促进循环经济发展，减少资源的浪费和环境的压力。最重要的是，农村生活垃圾整治可以推动农村社会经济的可持续发展，促进农村产业升级和农民增收，改善农村居民的生活条件，实现城乡一体化发展和可持续农村发展的目标。为了实现生态宜居协调发展目标，福建省应采取以下措施来整治农村生活垃圾。

（一）加强农村生活垃圾分类管理

加强农村生活垃圾分类管理是整治农村生活垃圾的重要措施之一，它可以有效地减少农村生活垃圾的量，提高资源利用率，促进农村环境的改善。要通过各种形式的宣传教育，如电视、广播、报纸、网络等，向农民普及垃圾分类知识，提高农民的环保意识和垃圾分类意识。同时，制定针对性强的宣传策略，针对不同的农村地区和农民群体，采取不同的宣传方式和内容，强化宣传效果。制定垃圾分类的具体标准和分类方法，明确垃圾的分类要求和分类标准，使农民能够清楚地了解如何分类投放。同时，建立健全垃圾分类的责任制和考核机制，督促各级政府和相关部门、企事业单位、社会组织和农民等各方面认真履行垃圾分类的职责，落实好垃圾分类的各项措施。加强农村垃圾分类设施的建设，如分类垃圾桶、分类垃圾箱等，方便农民进行分类投放。同时，加强设施的维护和管理，确保设施的正常使用和有效性。加强垃圾分类技术的研究和创新，探索更加有效和便捷的垃圾分类技术和设备。同时，积极推广和应用垃圾分类技术，提高农民的垃圾分类意识和技能，使垃圾分类工作得到更好的推广和普及。

（二）建立健全农村生活垃圾收运体系

建立健全农村生活垃圾收运体系可以有效地保障农村垃圾的收集、转运和处理，提高垃圾处理的效率和质量，从而促进农村环境的改善。要根据各地实际情况，制定农村生活垃圾收运设施的建设规划和方案，包括垃圾转运站、中转站和处理站等设施的建设，以及垃圾收运车辆和设备的采购和配备。同时，按照标准化、规范化要求，建设垃圾收运设施，保障垃圾收运的安全和效率。制定垃圾收运的具体管理制度和流程，明确垃圾收运的职责和权利，确保垃圾收运工作的规范化和高效性。同时，加强对垃圾收运人员的培训和管理，提高垃圾收运人员的素质和技能，保障垃圾收运工作的顺利开展。建立健全垃圾收运的监测和信息化系统，对垃圾收运的各个环节进行实时监测和数据收集，实现垃圾收运工作的信息化管理和控制。同时，加强对垃圾收运工作的监督和检查。通过各种形式的宣传教育，向农民普及垃圾分类知识和垃圾收运的相关政策。加强与农民的沟通和协商，听取农民的意见和建议，不断优化垃圾收运工作的方案和措施。

（三）推广农村生活垃圾资源化利用技术

推广农村生活垃圾资源化利用技术是实现农村生活垃圾无害化处理和资源化利用的重要途径，它可以有效地减少农村生活垃圾对环境的污染，提高资源的利用效率，同时还可以创造新的经济价值。要建立健全垃圾资源化利用技术的推广机制和平台，促进技术的交流和创新。同时，加强对垃圾资源化利用技术的研究和开发，推广先进的垃圾分类、焚烧、填埋、厌氧发酵、生物转化等技术，使垃圾资源化利用技术得到更好的推广和应用。加大对垃圾资源化利用企业的扶持力度，提供财政、税收、用地、市场等方面的支持和优惠政策，鼓励企业投资和发展垃圾资源化利用产业。同时，加强对垃圾资源化利用企业的引导和管理，促进产业的规范化和可持续发展。加强对垃圾资源化利用产品的市场研究和开拓，探索垃圾资源化利用产业的新市场和新领域，拓宽产品的应用范围和销售渠道。加强垃圾资源化利用产品的宣传和推广，提高产品的品牌知名度和市场竞争力。

（四）加强对农村生活垃圾处理的监管和督查

加强农村生活垃圾处理的监管和督查是确保农村生活垃圾处理工作规范、合法、有效的重要措施之一，可以有效地防止垃圾处理过程中的环境污染和资源浪费现象。要制定相关的法律法规和标准，明确垃圾处理各个环节的职责和权利，规定垃圾处理的流程和标准，建立健全垃圾处理的监管机制和责任制度。同时，加强对垃圾处理企业和垃圾收运人员的资质审批和监管，确保垃圾处理企业和垃圾收运人员的资质和行为符合相关规定。建立健全垃圾处理的督查和检查机制，定期对垃圾处理的各个环节进行检查和督查，发现问题及时处理，保障垃圾处理工作的规范化和有效性。同时，加强对垃圾处理企业和垃圾收运人员违规行为的查处和处理，对违法违规行为进行严肃处理，保证垃圾处理工作的合法性和安全性。加强垃圾处理的信息公开工作，及时向社会公布垃圾处理企业的资质和行为，公布垃圾处理的相关标准和流程，公布垃圾处理企业的环境监测数据和治理效果等信息，提高垃圾处理工作的透明度和公信力。鼓励农民的监督和参与，鼓励农民积极参与垃圾处理的监督和管理工作，提高农民对垃圾处理工作的关注和意识，发挥农民在垃圾处理工作中的监督和参与作用，促进垃圾处理工作的规范化和有效性。

三、福建省农村黑臭水体整治的建议

农村黑臭水体指的是由于污水排放、垃圾堆积等原因，导致水体污浊、恶臭和富营养化的问题。通过整治农村黑臭水体，可以有效清理和处理水体污染物，减少水体富营养化和有害物质的积累，恢复水体的自净能力和生态功能。这不仅有助于保护水资源，维护生态平衡，还能改善农村居民的饮用水安全和生活环境，减少水源污染对人体健康的危害。此外，农村黑臭水体整治还能提升农村的形象和吸引力，促进乡村旅游和农业生态经济的发展，为农民增加收入和改善生活条件提供机会。最重要的是，农村黑臭水体整治是推动乡村振兴战略的重要举措之一，有助于促进农村可持续发展，实现农村与城市环境协调发展的目标。福建省是一个以农业为主的省份，农业面源污染治理一直是该省环境保护工作的重要任务之一。围绕生态宜居协调发展目标来整治农村黑臭水体，可以在保护生态环境和推动农业可持续发展之间取得平衡。

（一）加强规划引领，制订详细的治理方案

这是整治农村黑臭水体的关键措施之一，它可以帮助政府和相关部门明确治理的目标、任务和措施，提高治理工作的效率和可持续性。通过调研，深入了解农村黑臭水体污染的实际情况和治理现状，掌握污染源、污染物、污染类型、污染程度等情况，为制订治理方案提供准确的数据和信息支持。此外，还需要了解当地的自然环境、社会经济发展状况、政策和法律法规等情况，为制订治理方案提供全面的背景资料和参考。针对不同类型的农村黑臭水体，制订不同的治理目标和任务，明确治理思路和措施，确定治理的时间节点和责任部门，建立健全治理的监督和评估机制，确保治理工作的有序开展并取得显著效果。农村黑臭水体治理是一项复杂的系统工程，需要多个部门和多种资源的协同作战，因此要建立健全跨部门、跨行业的协调机制，促进资源共享和协同发展，推进农村黑臭水体治理工作的整体效果和可持续性。农村黑臭水体治理需要运用一系列先进的技术手段和设备，如生态修复技术、污水处理技术等，因此要加强技术研发和应用，推广先进的技术手段

和设备，提高治理效率和质量。除此之外，还应该加强对治理工作的信息公开，提高治理工作的透明度和公信力，对不合格的治理工作要及时纠正和处理。

（二）加强技术研发，采用先进技术手段

在整治农村黑臭水体的过程中，加强技术研发，采用先进技术手段是非常关键的。通过技术手段的不断升级和创新，可以提高治理效率和质量，实现农村黑臭水体的全面治理。对于不同类型的农村黑臭水体采用不同的污水处理技术和设备。应加强技术研发，推广先进的污水处理技术和设备，提高污水处理的效率和质量。其中，生物处理技术、人工湿地处理技术、膜分离技术等都是目前比较先进的污水处理技术。应在引进这些技术的同时，适度地结合当地的自然环境、社会经济发展状况等因素，制订相应的污水处理方案。采用生态修复技术，改善水生态环境，提升生态系统的抗干扰能力和稳定性。其中，可采用的生态修复技术包括湿地生态修复、水生态系统恢复等。应根据当地的实际情况，选择合适的生态修复技术，逐步恢复和改善水生态环境。推广智能化监测技术，提高数据采集和分析的效率。智能化监测技术可以有效地提高数据采集和分析的效率，为治理工作提供精准的数据支持。应推广智能化监测技术，建立完善的监测网络，实现对农村黑臭水体的实时监测和数据分析，及时发现问题和异常情况，为治理工作提供科学依据和决策支持。通过多种途径，如科技成果交流会、技术推广培训等，将先进的治理技术和设备推广到农村黑臭水体治理的各个领域。同时，政府还可以通过财政补贴、税收优惠等方式推广和应用新技术。

（三）加强宣传教育，提高公众环保意识

这是整治农村黑臭水体的一项重要任务。只有广泛宣传环保知识，提高公民环保意识，才能动员社会各方力量，形成全社会参与治理的合力，从而推动农村黑臭水体治理工作的顺利开展。加强环保知识普及，向公众传递环保信息，提高公众环保意识。应通过多种途径，如媒体宣传、环保教育宣传片、环保书籍等，向公众普及环保知识，让公众了解环境保护的重要性和必要性，增强公众的环保意识和环保责任感。通过环保课程、实践活动等方式，培养孩子们的环保意识和环保责任感，让他们从小就知道保护环境的重要性。同时，还应制订环保教育规划，加强环保教育的组织、管理和监督，确保环保教育的实效性和可持续性。加强环保宣传。可以通过多种宣传方式，如环

保主题活动、志愿者活动、环保讲座等，鼓励公众参与环保活动，增强公众的环保意识和环保责任感。同时，还应加强与公众的沟通和互动，听取公众的意见和建议，让公众参与到农村黑臭水体治理工作中来，共同推动治理工作的有序开展。加强环保法律法规宣传。可以通过多种途径，如宣传海报、公众演讲等，向公众普及环保法律法规知识，让公众了解环保法律法规的重要性和必要性，增强公众的环保法律意识和环保法律责任感。

（四）加强监督管理，确保治理效果

这是整治农村黑臭水体的重要环节。只有加强监督管理，才能及时发现和解决问题，确保治理工作的顺利开展和取得实效。建立健全的监督管理机制，完善治理工作的监督管理体系。监督管理机制应该包括监督责任、监督程序、监督方法、监督对象等方面。应制定相应的监督管理规定和细则，明确各级部门和责任人的监督职责和监督程序，确保监督管理的全程覆盖。通过对治理工作的监测和评估，及时掌握治理工作的进展情况和治理效果。可以制定科学的监测和评估指标，采用现代化的监测和评估技术手段，对治理工作进行全面、准确、科学的监测和评估。同时，还应该建立健全的监测和评估机制，定期发布治理工作的监测和评估结果，接受社会监督。加强对违法违规行为的打击和整治，采取有效的行政执法措施，对违法违规行为依法予以处罚和追责。同时，还应建立健全问责制度，对治理工作中的不作为、乱作为和失职渎职行为依法追究责任。通过公开信息、召开听证会等多种途径，让公众了解治理工作的进展情况和治理效果，接受公众的监督和评价。此外，还应积极引导社会组织和媒体等各方面力量，参与农村黑臭水体治理工作，共同推动治理工作的顺利开展。

第二节　围绕农村产业兴旺的养殖业和种植业污染防治

围绕农村产业兴旺在养殖业污染防治、化肥农药减量增效、农膜回收等方面采取措施，可以有效提升福建省农业面源污染治理效率。养殖业污染防治需要建立健全养殖场环保设施、推广粪污资源化利用技术、加强养殖场环境监测等措施，同时鼓励农民发展生态养殖模式，提高养殖业的绿色发展水平。化肥农药减量增效需要推广有机农业技术、优化农作物种植结构、加强农药残留监测等措施，同时加强农民生产管理和技术培训，推进绿色农业发展。农膜回收需要建立健全农膜回收体系、推广生物降解膜等新型农膜、加

强农膜利用技术研究等措施，同时加强对农民的宣传教育，提高农民的环保意识，推进农业循环经济发展。以上措施需要政府、企业、社会组织和农民等各方的协作，共同推进农业面源污染治理工作，全面实现农业可持续发展和生态宜居协调发展目标。

一、福建省养殖业污染防治建议

养殖业是一种重要的农业生产形式，但同时它也面临着污染和环境问题。养殖业的污染主要涉及水体、土壤和空气，包括养殖废水、养殖粪便和饲料残渣的排放，以及氨气、甲烷等气体的释放。养殖业是福建省农业面源污染的重要来源之一。为了提升福建省农业面源污染治理效率，就要围绕农村产业兴旺，在养殖业污染防治方面采取措施，以下是几个具体的措施。

（一）推广清洁生产技术

推广清洁生产技术是减少养殖业污染的重要手段之一。清洁生产是指在生产过程中，尽可能地减少和消除废弃物、废气、废水等对环境的影响，同时提高资源利用效率，减少能源和原材料的消耗。在养殖业中，推广清洁生产技术可以减少废弃物和废水的产生和排放，降低环境负担，提高企业的竞争力。

生物发酵技术是将废弃物通过微生物代谢转化为有机肥料的技术。通过生物发酵，废弃物中的有机物质可以被分解，并转化为含有丰富养分的有机肥料。同时，生物发酵过程中产生的有机气体可以作为能源利用。政府应该鼓励企业采用生物发酵技术处理养殖废弃物，减少废弃物的排放和环境污染。生物膜技术是利用生物膜进行污水处理的技术。通过培养生物膜，可以有效地去除废水中的有机物和氨氮等污染物。生物膜技术可以有效减少废水的排放和环境污染，同时还可以降低企业的运营成本。离心机分离技术是将废水通过离心机进行分离处理的技术。通过离心机分离，可以将固体废弃物和液体废水分离出来。分离出来的固体废弃物可以用于生产有机肥料，液体废水则通过进一步处理，可以达到排放标准。离心机分离技术可以有效减少废水的排放和环境污染。环保型养殖设施是将现代环保技术应用于养殖业的设施。环保型养殖设施可以有效减少废水和废气的排放，同时还具有节能降耗的效果。政府应鼓励企业采用环保型养殖设施，提高养殖业的环保水平。

（二）建立和完善污染防治制度

养殖业污染治理的核心是建立和完善科学、合理、有效的治理制度和政策体系。需要在养殖场环境影响评价、养殖场排污许可、养殖场环境监测、养殖场污染处置等方面建立健全相应的制度。

养殖场环境影响评价制度是指在新建养殖场或进行扩建、改建等工程前，进行环境影响评价，评估养殖场对环境的影响和污染程度，并提出相应的环境保护措施。应建立养殖场环境影响评价制度，要求养殖企业在养殖前必须进行环境影响评价，确保养殖场的建设和运营符合环保要求。养殖场排污许可制度是指对养殖场的废水、废气、废固体等污染物的排放进行管制，对未获得排污许可证的养殖场进行整改和关闭。应建立养殖场排污许可制度，要求养殖企业在养殖前必须获得排污许可证，严格控制废水、废气、废固体等污染物的排放，保障环境的安全。养殖场环境监测制度是指对养殖场的废水、废气、废固体等污染物进行监测和评估，确保养殖场的污染物排放符合国家和地方的环保标准。政府应建立养殖场环境监测制度，要求养殖企业定期进行污染物监测并向政府报告监测数据和处理情况，保证养殖场的环境安全。养殖场污染处置制度是指对养殖场污染事故的应急处置和污染物的处理进行规范和管制。应建立养殖场污染处置制度，要求养殖企业建立应急预案和污染防治措施，确保在污染事故发生时能够及时、有效地进行处置。

（三）加强养殖废弃物的资源化利用

养殖废弃物是指养殖过程中产生的废水、废气、废固体等，如果不加以处理和利用，将会对环境造成严重污染和破坏。为了加强养殖废弃物的资源化利用，应在有机肥料化利用、养殖废弃物的生物能源化利用、养殖废弃物的资源化利用技术研发，以及加强养殖废弃物管理和监管等方面采取具体措施。

将有机肥料用于农业生产，政府应鼓励养殖企业采用有机肥料化利用技术，将废弃物转化为资源，减少污染物的排放和环境污染。养殖废弃物中含有大量的有机气体，可以通过生物发酵等方式将其转化为生物能源，用于生产电力、热力等。鼓励养殖企业采用生物能源化利用技术，将废弃物转化为能源，减少能源消耗和环境污染。鼓励科研机构和企业加强养殖废弃物的资源化利用技术研发，开发新型的废弃物资源化利用技术，提高废弃物利用的效率和质量，同时降低成本和环境污染。应加强养殖废弃物的管理和监管，对养殖企业的废弃物排放进行监测和评估，对不合格的养殖企业进行处罚和整改。同时，还应通过财政补贴等方式鼓励养殖企业加强废弃物的资源化利用，提高企业的环保意识和责任感。

（四）加强养殖场环境监测和评估

这是保障养殖业环境安全、减少污染、促进养殖业可持续发展的重要手段。应建立养殖场环境监测和评估制度，强化养殖场环境监测和评估的技术支持，加强监管力度和强化养殖场环境监管，加强公众参与以提高养殖场环境监督效力，建立养殖场环境信息公开制度。

通过建立养殖场环境监测和评估制度，规定养殖场环境监测的频率、方法和指标，以及环境评估的标准和程序，确保养殖场环境安全和健康。通过提供技术支持，为养殖场提供环境监测和评估的技术指导和服务，包括环境监测设备的更新和维护、监测数据的处理和分析、环境评估报告的编制等。通过加强对养殖场环境监管的力度，对养殖场的环境污染行为进行监督和检查，对不合格的养殖场进行处罚和整改，保障环境安全。通过公众参与的方式，加强对养殖场环境的监督和评估，鼓励公众举报环境违法行为，提高养殖场环境监督效力。通过建立养殖场环境信息公开制度，公开养殖场环境监测数据、环境评估报告和环保措施等信息，提高公众对养殖场环境的了解和监督，增强养殖场环境的透明度。

（五）加强养殖业污染防治的宣传教育

这是保护环境、减少污染、促进养殖业可持续发展的重要手段。应开展广泛的宣传教育活动，通过媒体、互联网等多种渠道向社会公众普及养殖业污染防治的知识和技术，增强公众的环保意识和责任感。同时，还应加强对养殖企业和从业人员的环保教育，提高其环保意识和技能，促进养殖业的可持续发展。应建立养殖业污染防治信息公开制度，公开养殖企业的环保信息、排污情况和治理措施，增强公众对养殖业环保情况的了解和监督，提升养殖业的透明度和环保效果。政府应鼓励养殖企业采用先进的污染防治技术和设备，还应提供技术咨询和培训，帮助养殖企业提高污染防治技能和管理水平；制定相关法律法规，规范养殖业的污染防治行为，加强对养殖企业的执法监管，推动养殖业向环境友好型方向转变；加强国际合作，推进养殖业污染防治。养殖业污染防治是全球性的问题，因此政府应加强与其他国家和国际组织的合作，分享经验和技术，推进养殖业污染防治的国际合作，为全球环境保护事业做出贡献。

二、福建省化肥农药减量增效建议

化肥农药是农业生产中必不可少的物质，但是过量使用会导致农业面源污染，对生态环境和人体健康造成影响。化肥和农药的减量增效是现代农业可持续发展的重要方向之一。通过减少化肥和农药的使用量，同时提高农业生产效益，可以达到减少环境污染、保护生态系统和提高农产品质量的目标。因此，为提升福建省农业面源污染治理效率，就要围绕农村产业兴旺，在化肥农药减量增效方面采取措施。

（一）推广绿色农业技术

绿色农业技术是一种环保、高效、可持续的农业生产方式，包括生物有机肥、微生物肥料、生物农药等。这些技术不仅可以提高农业生产效率和质量，还可以减少对化肥农药的依赖，降低化肥农药的使用量。通过宣传和推广绿色农业技术，引导农民使用绿色农业技术，如生物有机肥、微生物肥料、生物农药等，减少化肥农药的使用。同时，还应通过政策支持，如对使用绿色农业技术和实行节约用水、用肥、用药的农业生产方式给予补贴等，鼓励农民使用绿色农业技术，减少化肥农药使用量。除了政府的支持和引导外，农民自身也需要积极采取行动，提高绿色农业技术的应用。农民可以通过学习和交流，了解绿色农业技术的应用方法和效果。同时，还可以加强自身的环保意识，认识到化肥农药的危害，积极采用绿色农业技术，减少使用化肥农药。

（二）提供技术支持和培训

由于化肥农药的使用涉及农业生产的各个环节，包括施肥、灌溉、喷洒等，因此，农民需要掌握一定的技术和知识，才能正确使用化肥农药，减少使用量，提高效率和品质。通过设立技术服务机构、开展技术培训、提供技术咨询等方式，向农民提供化肥农药的安全使用方法和技巧，帮助农民提高化肥农药使用的科学性和精准性，减少使用量，提高农业生产效率和质量。通过开展绿色农业技术培训，向农民介绍生物有机肥、微生物肥料、生物农药等绿色农业技术的应用方法和效果，提高农民的绿色农业技术水平，促进农业生产的可持续发展和生态环境保护。企业和专业技术服务机构也应提供技术支持和培训，向农民介绍化肥农药的安全使用方法和技巧，以及绿色农业技术的应用。

（三）制定和实施化肥农药减量增效政策

政策手段可以引导农民减少化肥农药的使用。政府应对化肥农药使用量实行限制，制定化肥农药的使用标准和配比，控制农民化肥农药的使用量。同时，应通过提高化肥农药的价格、征收环境税等手段，引导农民减少化肥农药的使用，从而减少农业面源污染。应对使用绿色农业技术和实行节约用水、用肥、用药的农业生产方式给予补贴。补贴政策可以通过财政资金、农业保险等方式实现，提高农民使用绿色农业技术的积极性。应加强对化肥农药的生产、销售、使用等环节的监督和管理，建立化肥农药追溯体系，确保化肥农药的安全使用。对于违规使用化肥农药的农民和企业，应采取行政处罚、撤销证书等措施，提高化肥农药的合法使用率，减少农业面源污染。应增加技术支持和培训投入，减少化肥农药的使用量。技术支持和培训可以通过设立技术服务机构、开展技术培训、提供技术咨询等方式实现，促进农民使用绿色农业技术。

（四）建立化肥农药追溯体系

化肥农药追溯体系是指通过建立化肥农药生产、销售、使用等环节的信息记录和追溯机制，对化肥农药的来源、生产过程、销售渠道、使用情况等进行全程监管和追溯，确保化肥农药的安全使用和管理。化肥农药追溯体系可以保障农产品质量安全，促进绿色农业发展，提高化肥农药管理效率，增强社会监督力度。政府应加强化肥农药追溯体系的建设，加强信息共享和协调，提高化肥农药管理的科学化和规范化程度。为此，应建立信息管理系统，包括化肥农药的生产、销售、使用等环节的信息记录和追溯机制，以及信息平台的建设。信息平台可以包括政府部门、化肥农药生产企业、农业生产企业、农民等，利用互联网等方式实现信息共享和协同管理。应确定追溯标准和流程，包括化肥农药的生产、销售、使用等环节的标准和流程，并根据不同环节的要求建立相应的追溯体系。追溯标准和流程可以由政府、行业协会、专业机构等制定和协调。应加强监管和管理，包括加强对化肥农药的生产、销售、使用等环节的监管和管理，建立化肥农药的追溯和审核机制，加强对化肥农药生产企业、销售企业和农业生产企业的监督和管理，建立化肥农药的违规处理机制等。应加强宣传和培训，包括向农民普及化肥农药的安全使用知识，提高农民使用绿色农业技术的意识，加强农民的法律意识和责任意识，以及加强政府、媒体、社会组织等方面的宣传力度，推动化肥农药追溯体系的建设和发展。

三、福建省农膜回收建议

农膜回收是指对农业使用的塑料薄膜进行回收和再利用的过程，旨在减少农膜对环境的污染和资源的浪费。农膜广泛应用于农业生产中，然而，农膜的大量使用也带来了污染和废弃物的问题。农膜回收是解决农业面源污染的重要手段之一。针对福建省农业面源污染治理的实际情况，要围绕农村产业兴旺，在养殖业污染防治方面采取措施。

（一）完善政策法规

完善政策法规是解决农膜回收问题的重要手段之一。政府应该出台相关的政策法规，明确农膜回收的义务和责任，并对不回收农膜的行为进行处罚，同时鼓励回收农膜的行为，给予相应的奖励。在制定农膜回收相关政策法规时，政府应该明确生产、销售、使用、回收等各个环节的义务和责任，确保每个环节都能够承担相应的责任。应该根据实际情况，制定合理的农膜回收标准，包括回收率、回收时间、回收方式等，确保农膜回收的质量和效果。应该加强监管，建立健全的监管机制，对不符合要求的农膜进行处罚，同时对符合标准的农膜进行奖励，鼓励农民积极参与农膜回收工作。政府可以出资支持农膜回收工作，包括设立回收站点、购买回收设备等，同时也可以给予相关企业和农民一定的资金补贴，提高他们的积极性和主动性。此外，还应该加强对政策法规的执行力度，确保政策法规能够真正落地和实施。只有政策法规得到有效落实，才能够推动农膜回收工作的有效开展，提高农业面源污染治理效率。

（二）宣传教育

针对农民和农村居民，通过宣传教育，普及农膜回收的重要性和方法，能够有效地推动农膜回收工作的开展。政府应制订农膜回收的宣传计划，明确宣传的内容、方式和时间，确保宣传工作能够有针对性和有效性。应制作宣传资料，包括宣传手册、宣传海报、宣传视频等，通过各种渠道向农民和农村居民普及相关知识，提高他们的认识和理解。应组织农膜回收的宣传活动，如现场演示、知识讲座、座谈会等，吸引农民和农村居民参与，增强他们的环保意识和责任感。应利用电视、广播、报纸等媒体，向广大农民和农村居民普及相关知识，提高其认识和理解。应引导农民在农膜回收工作中扮演积极角色，让他们认识到回收农膜对环保和自身利益的重要性，增强他们的主动性和责任感。应注重宣传方式的多样性和针对性，让宣传工作更加贴近农民和农村居民的实际情况。同时，政府还应该加强对宣传效果的监测和评估，及时调整宣传策略，提高宣传工作的效果和实效。

（三）建立回收机制

建立回收机制是推进农膜回收工作的重要手段之一。政府应建立回收机制，设立回收站点，专门负责回收农膜，并定期进行回收和处理。政府应在农村设立回收站点，方便农民回收农膜。回收站点应该设立在易于到达的位置，以便农民能够方便快捷地将农膜送到回收站点。应购置专业的农膜回收设备，包括农膜打包机、农膜压缩机、农膜分选机等设备，提高农膜回收的效率和质量。政府应建立农膜回收网络，与农民建立联系，让他们了解回收站点的位置和回收时间，方便农民将农膜送到回收站点。应为回收的农膜提供回收证明，让农民了解农膜的去向，增强他们对农膜回收工作的信任和支持。应定期进行农膜回收和处理，确保农膜得到妥善处理，避免对环境造成污染。

（四）推广新技术

在农膜的生产和使用方面，应该推广新技术，减少农膜的使用量和对环境的影响，同时也方便农民回收和处理农膜。生物有机肥料是一种天然的肥料，具有营养丰富、不含有害物质、能够增加土壤肥力等优点。政府应推广生物有机肥料的使用，减少农膜的使用量，同时提高农产品的品质和安全性。覆盖栽培技术是一种有效的农业生产技术，能够减少农膜的使用量，同时能够保持土壤湿润，提高作物的产量和质量。政府应向农民推广覆盖栽培技术，让他们了解技术的优点和使用方法。生物防治技术是一种环保的农业生产技术，能够有效地控制农业害虫和病虫害的发生，减少农膜的使用量和对环境的污染。应向农民推广生物防治技术。可降解农膜是一种环保的农膜，能够在一定时间内自然降解，不会对环境造成污染。政府应鼓励企业生产可降解农膜，向农民推广使用方法，减少对环境的污染。应推广农膜回收新技术，如利用微生物处理农膜、利用农膜生物降解技术等，提高农膜回收的效率和质量，同时减少对环境的污染。应注重技术的普及和推广，让更多的农民有机会了解和使用新技术，提高农业生产的效率和环保水平。同时，还应该加强对新技术的研发和应用，不断改进技术，提高其适用性和实用性。

（五）建立监管机制

建立监管机制是保障农膜回收工作顺利开展的重要手段之一。政府应建立监管机制，加强对农膜生产、销售、使用和回收的监管，确保农膜回收工作能够顺利开展。政府应制定农膜生产、销售和使用的管理制度，明确生产、销售和使用的相关标准和要求，确保农膜的生产、销售和使用符合环保要求。应建立农膜回收的监管机制，对农膜回收站点和回收企业进行监管，确保回收的农膜得到妥善处理。应加强对农膜使用和回收情况的监测和评估，及时了解农膜使用和回收的情况，发现问题并及时处理，保障农膜回收工作的顺利开展。应建立农膜违法行为的处罚机制，对违法行为进行严厉处罚，提高农民和相关企业的环保意识，促进农膜回收工作的开展。应加强与相关部门的协调和合作，共同推进农膜回收工作的开展，提高污染治理效率。在建立监管机制的同时，政府还应该注重监管机制的完善和落实，加强对监管工作的监督和评估，确保监管工作能够落到实处，提高农膜回收工作的效率和实效。

第三节　农业面源污染治理手段的综合运用

提升福建省农业面源污染治理效率，需要综合运用各种手段，包括节约治理要素投入、控制农业面源污染排放、科技创新赋能农业生产、促进区域协调发展等，以实现农业生产和环境保护的可持续发展。

一、节约治理要素投入

污染治理要素是指在进行污染治理过程中所需要的关键要素，包括政策和法规、技术和设备、资金和投资、人力资源和专业知识、监测和评估机制等。节约污染治理要素的投入，可以实现资源的有效利用、成本效益的提升、可持续性的维持，促进资源共享与合作，同时提升组织形象和社会声誉。这有助于推动环境保护工作的可持续发展和整体效果的提升。为了提升福建省农业面源污染治理效率，需要采取措施节约污染治理要素的投入。具体而言，可以从以下几个方面入手。

（一）推广生态农业

生态农业是一种注重生态系统健康和农业可持续发展的农业生产方式，能够减少农业面源污染的发生。为了推广生态农业，政府应加强对生态农业技术的研究和推广，提供技术支持和培训，提高农民的生态农业意识和能力，推广生态农业技术和模式。加大对生态农业的扶持力度，包括财政补贴、税收优惠、信贷支持等，鼓励农民积极参与生态农业。应在全国范围内建设生态农业示范区，推广生态农业技术和模式，提高农民的认知和信心，促进生态农业的发展。通过加强市场引导，提高生态农产品的知名度和市场占有率，鼓励农民积极参与生态农业，增加生态农产品的产量和质量，提高农民收入。制定相关法律法规，加强对生态农业的保护和管理，建立健全的生态农业监管机制，确保生态农业能够健康有序地发展。

（二）加强农药、化肥和农膜的管理

农药、化肥和农膜是农业生产中主要的污染源之一，为了减少农业面源污染的发生，福建省应加强农药、化肥和农膜的管理。政府应出台农药管理条例、化肥管理条例等，明确农药、化肥和农膜的生产、销售、使用和废弃物处理等方面的管理要求，规范农药、化肥和农膜的使用和管理。应加强农药、化肥和农膜的监管力度，加大对违规行为的查处力度，对违规销售和使用的农药、化肥和农膜进行严厉打击，确保农药、化肥和农膜的使用符合规定。应推广绿色、有机农业，加强绿色、有机农业技术的研究和推广，鼓励农民采用绿色、有机农业技术和模式，减少农药、化肥和农膜的使用，降低农业面源污染的发生。加强对农民使用农药、化肥和农膜的宣传教育，提高农民的环保意识和法律意识，鼓励农民通过科学的农业生产方式保护农业生态环境。建立废弃农药、化肥和农膜的回收体系，对废弃农药、化肥和农膜进行集中处理，减少废弃物对环境的污染。

（三）加强农业污染物治理设施的建设

农业污染物治理设施是农业面源污染治理的重要手段，为了提高农业面源污染治理的效率和质量，福建省应加强这方面的工作。相关政策要明确农业污染物治理设施的建设标准和要求，规范农业污染物治理设施的建设和管理。政府应加大对农业污染物治理设施的投入力度，提高农业污染物治理设施的建设水平和质量，完善农业污染物治理设施的建设和管理。加强对农业污染物治理设施技术的研究和推广，提高农民的污染治理意识和能力，推广农业污染物治理设施的技术和模式。建立完善的农业面源污染监测机制，及时发现农业污染物治理设施的问题和缺陷，加强监管和管理。加强对农民的宣传教育，鼓励农民积极参与农业污染物治理设施的建设和管理。

（四）推广节水灌溉技术

节水灌溉技术是一种能够有效减少用水量的灌溉方式，为了推广节水灌

溉技术，福建省应采取以下措施：加强对节水灌溉技术的研究和开发，提高技术水平和推广能力，推广新型节水灌溉设备和技术，降低农业用水成本；通过对农民的宣传教育，提高农民的节水意识和技能，鼓励农民采用节水灌溉技术，提高农业用水效率；在一些重要农业区域建立节水灌溉技术示范工程，向农民展示节水灌溉技术的效益和操作方法，提高农民的认知和信心；建立节水灌溉技术信息平台，提供节水灌溉技术的信息、技术服务和咨询，加强技术支持和管理，提高农民的使用效率和满意度。

（五）实施农业面源污染防治绩效考核制度

绩效考核制度是推动农业面源污染治理的有效手段之一，可以促进地方政府和农业生产主体的责任落实和工作推进。政府应出台相关政策和标准，对农业面源污染防治工作的目标、任务和要求进行明确，制定相应的考核标准和指标。建立完善的农业面源污染监测和评估机制，对农业生产过程中的污染物排放情况、污染物处理效果、环境质量等进行监测和评估，为考核工作提供科学依据。建立农业面源污染防治绩效考核机制，对地方政府和农业生产主体的污染防治工作进行定期考核，按照考核结果给予相应的奖励或处罚，推动污染防治工作的落实。加强对农民和企业的宣传教育，提高他们的污染防治意识和环保责任，鼓励他们积极参与农业面源污染防治工作，推动考核工作的顺利开展。加强农业面源污染防治技术的研究和推广，提高农民和企业的污染防治能力和技术水平，为考核工作提供技术支持。

（六）注重技术研发、创新和推广

技术研发、创新和推广是农业可持续发展的重要保障，可以提高农业生产效率、降低生产成本、改善生产环境，同时也能够推动农业产业结构升级、提高农业竞争力。政府应加大对农业技术研发的投入力度，提高农业技术研发的水平和质量，提高农业生产力和效率。同时，政府应鼓励企业和科研机构参与农业技术研发，促进产学研合作。加强对农业技术创新的引导和支持，鼓励企业和科研机构开展技术创新，推动农业技术的不断创新和升级。同时，政府应建立技术创新奖励机制，鼓励企业和个人在农业技术创新方面做出贡献。加强对农业技术成果的推广和应用，鼓励企业和科研机构将技术成果转化为实际应用。同时，政府应建立技术推广服务机构，提供技术咨询和培训服务，促进技术在农民中的普及。加强与国际组织和发达国家的合作，引进先进的农业技术和管理经验，提高农业技术水平和质量。同时，政府应鼓励企业和科研机构开展国际合作，拓展技术研发和推广的市场。建立完善的知识产权保护机制，鼓励企业和科研机构创新，保护知识产权，促进技术的合理利用和转移。

二、控制农业面源污染排放

农业面源污染排放的有效控制是农业面源污染治理的重中之重，直接关系治理效率的高低。有效控制农业面源污染排放对于保护水资源、保障食品安全、维护生态环境、减少温室气体排放以及推动可持续农业发展具有重要意义。这是实现农业可持续发展和人与环境和谐共存的关键举措之一。福建省除了大力推广生态农业及清洁生产技术外，还应采取有力措施，从政策、监测、技术等方面控制农业面源污染的排放。

（一）制定政策法规

针对农业面源污染排放制定控制政策法规，是有效治理农业面源污染的重要手段。政府制定农业面源污染治理政策法规时，需要明确政策目标和措施，包括污染物排放标准、治理技术要求、监测评估机制等，确保政策法规的可操作性和实效性。加强对相关政策法规的宣传和培训，提高农民和企业的法律意识和自觉性，确保政策法规的落实。同时，政府还应建立健全的监测、考核和问责机制，对违反政策法规的行为予以严厉惩处。鼓励企业和科研机构开展农业面源污染治理技术的创新和研发，推动技术创新与政策法规的相互促进，提高农业面源污染治理的效率和效果。应加强与相关部门和地方政府的协调和合作，形成合力，加强政策法规的制定和执行。同时，还应鼓励农民和企业参与政策法规的制定和落实，提高政策法规的参与度和透明度。加强对农业面源污染的监管和执法力度，对违反相关政策法规的行为及时予以处罚和整改，维护农业生产环境的安全和健康。

（二）加强农业污染物监测

加强农业污染物监测是有效治理农业面源污染的重要手段。为了加强农业污染物监测，需要确定监测对象和指标，如土壤、水体、大气等不同类型的监测对象，以及污染物的种类和含量等指标，确保监测数据的全面性和代表性。政府应建立覆盖面广、监测点位密集的监测网络，包括农田、河流、湖泊等不同类型的监测点位。应加强对监测机构的建设和培训，提高采样和分析人员的技术水平，确保监测数据的准确性和可靠性。建立农业污染物监测数据的信息公开制度，及时公开监测数据和污染源信息，引导公众对农业污染问题的关注和参与，推动农业生产的绿色转型。加强对农业污染物的监管和执法力度，加强对违反相关标准的企业和个人的处罚和整改。另外，农业污染是全球性问题，各国应加强合作，共同推动农业污染的治理。为此，政府应加强与国际组织和其他国家的合作交流，借鉴和引进先进的监测技术和治理经验，推动农业污染治理的国际合作。

（三）加强污染物防治技术支持

加强污染物防治技术支持是有效治理农业面源污染的重要手段。政府应在技术研发推广，以及技术支持、技术培训等方面采取措施。同时，科研机构和企业也应积极参与技术研发和创新，加强合作交流，推动技术的升级和转型，为农业面源污染治理提供有力支持。具体来说，政府应加强对污染物防治技术的研发和创新，鼓励科研机构和企业开展污染物防治技术的创新和研发，提高技术的先进性和适用性；推广先进的污染物防治技术和设备，如高效减排技术、污染物资源化利用技术、新型污染治理设备等，促进技术的推广和应用；加强对农民和企业的技术培训和普及，提高他们的技术水平和污染物防治意识，推动技术的应用和推广；建立污染物防治技术支持机制，为企业和农民提供技术咨询、技术评估、技术指导等服务，提高技术支持的精准性和有效性；加强与国内外相关领域科研机构和企业的合作交流，借鉴和引进先进的污染物防治技术，推动技术的升级和转型。

三、科技创新赋能农业生产

科技创新赋能农业生产的意义在于推动农业的现代化转型和可持续发展。通过引入或推广先进技术和创新解决方案，农业生产可以提高生产效率、降低资源消耗、减少环境影响，并增强农产品的质量和安全性。科技创新为农民提供了更多的决策支持和精细管理手段，促进农业产业链的升级和增值，同时推动农村地区的经济发展和农民收入增长，实现农业的可持续、智能和可盈利发展。福建省作为一个农业大省，要提升农业面源污染治理效率，必须加强科技创新，从农业技术、农业生产模式、支持体系等方面采取具体措施，以提高农业生产的效率和质量，减少农业面源污染，为农业可持续发展提供有力支持。

（一）发展新型农业生产模式

发展新型农业生产模式是福建省科技创新赋能农业生产的重要措施之一。

福建省可以从有机农业、循环农业、休闲农业、绿色农业几个方面发展新型农业生产模式。有机农业是一种无化肥、无农药的农业生产方式，通过生态循环和生物多样性保护，实现农产品的高质量和高效率生产。有机农业可以减少农业面源污染，提高土地质量和农产品质量。福建省应采取措施发展有机农业。循环农业是一种以资源循环利用为主要特征的农业生产方式，通过农、林、牧、渔系统的协同作用，实现资源的最大化利用和生态系统的平衡发展。循环农业可以减少农业面源污染，降低生产成本，提高农业生产效率。福建省应采取措施发展循环农业。休闲农业是一种结合旅游、观光等元素的农业生产方式，通过提供农村旅游和休闲服务，实现农业产业的多元化和增值。休闲农业可以通过提高农业产业附加值，促进农业产业结构的优化和调整。福建省应采取措施发展休闲农业。绿色农业是一种以生态环境保护为主要目标的农业生产方式，通过生态保护、生态修复等手段，实现农业生产和生态环境的协调发展。绿色农业可以减少农业面源污染，提高农产品质量和市场竞争力。福建省应采取措施发展绿色农业。

（二）推广农业面源污染治理技术

推广农业面源污染治理技术是福建省科技创新赋能农业生产的重要措施之一。生物技术和生态修复技术是农业面源污染治理的重要技术手段，可以通过生物修复、植物修复等方式，减少污染物的排放和迁移。福建省应在这方面采取相应措施。绿色农业和生态农业是以生态环境保护为主要目标的农业生产方式，可以通过减少化肥、农药的使用，推广有机农业、循环农业等方式，减少农业面源污染。福建省应采取相应措施推广绿色农业和生态农业。

（三）建立技术创新支持体系

这是推动科技创新发展的重要举措，而政策支持是技术创新的重要保障，福建省可以通过出台相关法规和政策，为技术创新提供法律和政策保障。例如，提高科技创新投入占地区生产总值比重，加大科技创新项目资助力度，优化创新环境等。专业技术人才是技术创新的主要力量，福建省可以通过建立专业技术人才培养、引进和激励机制，吸引和培养一批高层次、高素质的专业技术人才，为技术创新提供人才保障。技术创新平台是技术创新的重要载体，福建省可以通过建立技术创新平台、加强技术创新平台建设和管理，为企业和创新团队提供技术支持和服务，推动技术创新发展。知识产权保护是技术创新的重要保障，福建省可以通过建立知识产权保护机制和法律体系，加强知识产权保护力度，保护技术创新成果的知识产权。产、学、研合作是技术创新的重要途径，福建省可以通过加强产学研合作机制和协同创新机制，促进产业和科研机构之间的合作，建立产学研合作支持体系。

四、促进区域协调发展

加强区域协调发展的意义在于促进经济社会的均衡发展和区域间的协同增长。通过协调各地区的发展策略和政策，优化资源配置、产业布局和基础设施建设，可以有效减少地区间的发展差距和不平衡现象。这有助于提高整个国家或地区的经济效益和竞争力，实现资源优势互补、产业协同发展，推动经济结构的优化和转型升级。同时，加强区域协调发展还能促进人口流动和资源流动的有效配置，提升公共服务水平和民生福祉，增强社会稳定性和可持续发展的基础。最终，区域协调发展的实施有助于实现全面的、可持续的发展目标，推动整个国家或地区的繁荣与进步。福建省的各区域协调发展是针对福建省全省各区域的协调发展，这些区域包括福建省全省东西区域、海峡东西岸、城镇化地区与偏远地区、主要农产区与一般农区、经济发达地区与欠发达地区。只有加强全省各区域协调发展，推动全省各区域农业生产和环境的协调发展，才能提高福建省农业面源污染治理效率。

第四节　农业面源污染治理效率提升的保障措施

提升福建省农业面源污染治理效率需要从组织、政策、监控和考核四个方面采取保障措施，建立健全的治理体系和机制，激发各方面的积极性和主动性，推动乡村振兴战略落地。这些措施的实施对于有效减少农业面源污染、保护生态环境和人民健康具有重要意义。综合而言，福建省农业面源污染治理保障措施的重要性在于推动各方合力、规范行为、提高监测能力和激励改进，为农业可持续发展和生态环境保护提供坚实支撑。

一、组织保障措施

采取组织保障措施可以确保农业面源污染治理工作的有效实施和可持续发展。通过建立健全的组织机制和管理体系，可以明确责任分工、加强协调配合，提高治理工作的效率和效果。组织保障措施可以包括建立专门的农业环境保护机构、制定相关法律法规和政策措施、加强监测和评估体系等。这些措施有助于提供科学的决策支持和技术指导，推动农业面源污染治理工作的规范化和标准化。同时，组织保障措施还能促进信息共享和经验交流，推动技术创新和示范推广，增强各方的参与和合作意识。通过组织保障措施的有效实施，农业面源污染治理可以得到长期的政策支持和财力保障，从而实现治理工作的持续推进和整体效果的提升，为农业的可持续发展和生态环境的保护提供有力保障。福建省要提升农业面源污染治理效率，需要在建立健全组织体系和加强组织领导两个方面采取保障措施。

（一）建立健全组织体系

建立福建省农业面源污染治理的组织体系，明确各级政府、农业部门、科研机构、企事业单位和农民的职责和任务，形成合力推进农业面源污染治理工作。特别是要建立健全农业面源污染治理领导小组和工作机制，明确各成员的职责和工作内容，确保工作的有序开展。政府可以建立专门的机构负责农业面源污染治理工作，比如建立农业面源污染治理领导小组或者专门的治理机构。建立机构之后，政府应该明确机构的职责和权力，并且需要协调各部门之间的工作。比如，治理工作的方案制定、实施和监督等职责应该明确归属到相应的机构。

（二）加强组织领导

加强组织领导是提高福建省农业面源污染治理效率的关键措施。政府要建立统一的领导机构来负责农业面源污染治理工作，确保各部门协调配合，形成合力。这个机构可以是地方政府主导的，也可以是中央政府牵头的。制订明确的治理方案包括治理目标、任务、进度和责任等。这些方案应该在政府各级之间进行协调和联动，确保各级政府的治理工作有序开展。农业面源污染治理需要跨部门、跨领域的合作，在开展工作过程中，政府应该加强协调和联动，充分发挥各方面的优势，形成农业面源污染治理的合力。特别是各部门之间需要建立有效的沟通和协调机制，形成上下联动、协同推进的工作局面，提高农业面源污染治理的全局性和系统性。建立信息共享和交流机制，确保各级政府之间能够及时了解治理工作进展情况。这些机制可以包括定期召开工作会议、建立信息平台和专门的热线电话等。建立农业面源污染信息共享平台，加强信息共享和交流，形成信息互通、数据共享的机制。特别是要加强与科研机构和专业机构的合作，充分利用它们的技术和资源优势，提高农业面源污染治理的科学性和有效性。加强对农业面源污染治理工作的监督和评估，及时发现问题并采取措施加以解决。此外，政府还应该建立相关的考核评估机制，对治理工作进行绩效考核和评估，确保治理工作的质量和效果。建立奖惩制度，鼓励和支持采取环保措施的农业生产者，同时惩罚那些违反环保法规和政策的人。政府可以通过财政补贴、税收优惠等方式，奖励那些采取环保措施的农业生产者。加强公众参与，鼓励广大农民积极参与农业面源污染治理工作。政府可以开展大规模的培训活动，向农民传授环保知识和技能，提高他们的环保水平。

二、政策保障措施

采取政策保障措施可以为农业面源污染治理工作提供法律依据、政策支持和经济激励，推动农业面源污染治理向纵深发展。通过制定相关法律法规和政策文件，可以明确农业面源污染治理的目标、原则和具体措施，强化治理的合规性和约束力。政策保障措施还可以提供财政资金和经济激励，例如设立农业环保专项资金、给予减税或奖励政策，鼓励农民和农业企业积极参与污染治理。此外，政策保障还可以促进信息公开和公众参与，建立多元化的治理主体和合作机制，形成社会共治的格局。通过政策保障措施的落实，农业面源污染治理可以在政策环境的支持下，加强监管和执法力度，推动技术创新和示范推广，促进农业生产方式的转型升级，实现农业的可持续发展和生态环境的保护。福建省要提升农业面源污染治理效率，需要在政策方面采取保障措施。这主要包括加强政策支持、完善法律法规和标准体系、推进产业升级、加强科技创新、建立奖惩制度等几个方面。

（一）加强政策支持

政府应该加大资金投入，强化政策支持力度，为农业面源污染治理提供必要的经济支持。政府可以通过财政补贴、税收优惠等方式，鼓励农业生产者采取环保措施。当政策支持得到加强时，福建省农业面源污染治理的效率就会得到显著提升。加大对农业面源污染治理的财政资金投入，用于支持治理工作的开展。政府可以通过设立专项资金或者提高财政补贴等方式，鼓励农业生产者采取环保措施，提高治理工作的效率。可以对采取环保措施的农业生产者给予税收减免，鼓励他们积极参与农业面源污染治理工作。政府可以通过减免土地使用税、农业税等方式，支持农业生产者采取环保措施。为农业生产者提供低息贷款，用于采购环保设备和实施环保措施。这可以帮助农业生产者降低治理成本，提高治理工作的效率。建立奖励机制，鼓励农业生产者采取环保措施。对采取环保措施的农业生产者给予奖励，比如发放环保补贴、提供技术支持等方式，激励他们积极参与农业面源污染治理工作。支持环保企业的发展，鼓励它们参与农业面源污染治理工作。通过提供技术支持、减免税费等方式，支持环保企业发展，提高治理工作的效率。

（二）完善法律法规和标准体系

政府应该完善相关的法律法规和标准体系，明确农业面源污染治理的标准和要求。这些标准和要求可以包括污染物排放标准、治理工艺和设备要求等。政府应该制定相关的法律法规，明确农业面源污染治理的标准和要求。这些法律法规可以包括环境保护法、农业面源污染防治法等。制定污染物排放标准，明确农业面源污染治理的目标和要求。这些标准可以包括氮、磷等污染物的排放标准，在治理工作中起到指导作用。制定治理工艺和设备要求，明确农业面源污染治理的技术要求。这些要求可以包括污染物处理工艺、治理设备等，确保治理工作的有效实施。建立监督管理机制，监督农业生产者是否按照法律法规和标准要求采取环保措施，确保治理工作的有效实施。这些机制可以包括环保部门的巡查检查、投诉举报制度等。

（三）推进产业升级

推进产业升级是提高福建省农业面源污染治理效率的重要途径。为此，政府可以通过推广清洁生产技术，鼓励农业生产者采用更为环保的生产技术和设备，减少污染物排放。例如，推广沼气发电技术、农业废弃物资源化利用技术等，减少农业生产对环境的影响。鼓励农业生产者转向生态农业和有机农业，通过更为环保的农业生产方式，减少化肥和农药的使用，降低对环境的影响。政府可以通过提供技术支持、资金扶持等方式，推进生态农业和有机农业的发展。加强农业产业结构调整，减少农业生产对环境的影响。例如，调整农业种植结构，增加生态、林果、畜牧等产业比重，减少对水土资源的压力。推进农业循环经济发展，鼓励农业生产者实现废弃物资源化利用、能源回收利用等，减少污染物排放。例如，开展农业废弃物资源化利用、建设生物质能源发电厂等，实现资源循环利用。

（四）加强科技创新

政府应该加强科技创新，并鼓励科技人员参与农业面源污染治理技术的研发和推广，以推动农业面源污染治理技术的研发和应用。政府可以加大对环保技术和设备的研发投入，研发更为高效、节能、环保的农业面源污染治理技术和设备。例如，研发新型的污染物处理技术、智能化的农业生产设备等。通过推广应用环保技术和设备，鼓励农业生产者采用更为环保的生产方式和设备，减少污染物排放。例如，推广高效节水灌溉技术、氮肥精准施用技术等，减少农业生产对环境的影响。加强环境监测和预警，及时发现和掌握农业面源污染的情况，提高治理工作的针对性和有效性。例如，建立农业面源污染监测系统，定期对农业面源污染进行监测和评估。提供技术支持和服务，帮助农业生产者采用环保技术和设备，提高治理工作的效率和质量。例如，开展示范推广、技术培训等活动，提供技术咨询和服务等。

（五）建立奖惩制度

建立农业面源污染治理的奖惩机制，对积极参与治理工作、治理成效显著的单位和个人进行表彰和奖励；对未按要求进行农业面源污染治理或治理不到位的单位和个人进行惩罚和问责，形成治理工作的压力和激励机制。政府可以建立环保奖励机制，对采取环保措施、达到环保标准和要求的农业生产者进行奖励。例如，对采用生态农业、有机农业等环保生产方式的农业生产者进行奖励。建立环保惩罚机制，对违反环保法规和标准、污染环境的农业生产者进行惩罚。例如，对超标排放污染物的农业生产者进行罚款，对严重污染环境的农业生产者进行关停。建立环保信用评价制度，对农业生产者的环保行为进行评价，形成信用档案。向信用评价较高的农业生产者提供优惠政策和支持，对信用评价较低的农业生产者进行限制和惩戒。加强对农业生产者的监管力度，对环保行为进行监督和检查。对发现的环保问题进行及时处理和处罚，提高治理工作的效果和质量。

三、监控保障措施

在农业面源污染治理过程中，采取监控保障措施可以实时监测、评估和控制农业活动中的污染物排放，提高治理的有效性和精确性。比如，通过建立监测网络和监测站点，可以实时监测农田、养殖场、农村污水处理设施等的污染物排放情况，及时发现异常情况并采取相应措施。同时，监控保障措施可以利用遥感技术、传感器等先进手段，实现大范围、高精度的数据收集和分析，为农业面源污染治理提供科学依据。此外，监控保障措施还可结合信息技术，建立数据管理和共享平台，提高数据的集成和利用效率，加强各相关部门和利益相关方之间的协调和合作。通过监控保障措施，农业面源污染治理可以实现全程监控和全要素管理，及时发现问题、预警风险，并采取精准措施进行治理，最大限度地减少污染物的排放，保护水资源、生态环境和人民健康。提升福建省农业面源污染治理效率，需要从监控方面采取保障措施。这主要包括建立污染物监测体系、加强污染源监管、推广应用智能监控技术、建立信息公开平台、加强协调合作等几个方面。

（一）建立污染物监测体系

建立污染物监测体系是监控农业面源污染的基础。政府可以建立覆盖全省的污染物监测网络，对污染物的种类、浓度、来源等进行实时监测和数据分析。建立监测网络可以提高对农业面源污染的监测覆盖率和监测精度，及时发现和掌握污染物的分布、变化趋势等信息。建立污染物监测数据库，对污染物监测数据进行整理、存储和分析，形成污染物监测的历史数据和趋势分析。建立污染物监测数据库可以为决策提供科学依据，指导治理工作的实施。加大对污染物监测技术的研发投入，研发更为高效、精准、智能化的污染物监测技术和设备。例如，研发基于遥感和地理信息技术的污染物监测方法，开发智能化的污染物监测设备等。建立污染物监测预警系统，对污染物的浓度、变化趋势等进行预警和预测。建立预警系统可以提高治理工作的针对性和有效性，及时采取措施避免污染物扩散和影响环境。

（二）加强污染源监管

加强污染源监管是保障农业面源污染治理效率的重要措施。政府可以加大对农业生产者的监管力度，定期对污染源进行检查和排查，及时发现和处理违法违规行为。政府可以建立污染源排查机制，对农业生产者的生产过程和排放情况进行排查和调查。通过排查机制可以发现污染源的位置、规模和排放情况等信息，为治理工作提供科学依据和针对性措施。实施定期检查制度，对农业生产者的排放情况进行检查和监管。定期检查可以及时发现和处理违法违规行为，对不合法的农业生产者进行罚款、停产等处罚措施。加强对违法违规行为的执法力度，对污染源的违法行为进行处罚和制止。加强执法力度可以提高农业生产者的合法意识和环保意识，促进治理工作的顺利实施。推广应用环保技术，帮助农业生产者采取环保措施，减少污染物的排放和影响。例如，推广应用低氮肥、微生物肥等环保农业技术，降低农业生产对环境的影响。

（三）推广应用智能监控技术

智能监控技术可以实现对农业面源污染的精准监控和管理。政府可以建设智能监控系统，对农业生产者的排放情况进行实时监控和数据分析。智能监控系统可以通过传感器、网络通信等技术实现对污染物的实时监测和数据采集，为治理工作提供科学依据和针对性措施。推广应用遥感技术，利用卫星遥感数据对农业面源污染进行监测和分析。遥感技术可以实现对广大农村地区的监测，提高监测的精度和覆盖面。加强对监测数据的分析和处理能力，利用大数据技术对监测数据进行统计、分析和挖掘。通过数据分析可以发现污染源的位置、规模和排放情况等信息，提高治理工作的智能化水平，利用人工智能等技术对治理工作进行智能化处理和管理。例如，利用机器学习算法对污染源进行分类和识别，提高治理工作的效率和效果。

（四）建立信息公开平台

建立信息公开平台可以提高治理工作的透明度和公开性。政府可以建立信息公开平台，将农业面源污染治理的相关信息和数据进行公开和透明化。信息公开平台可以为公众提供治理工作的进展情况、治理成果、治理措施等多种信息，增强公众的监督和参与度，促进治理工作的顺利实施和推进。加强数据统计和分析，对农业面源污染的排放情况、治理措施的实施情况等进行统计和分析。通过数据统计和分析可以及时发现问题和不足，提高信息公开的及时性和精准度，及时向社会公众发布治理工作的进展情况和成果，增强公众的参与度和满意度，促进治理工作的顺利实施和推进。加强社会监督和参与，引导公众积极参与治理工作，发挥社会组织和专家学者的作用，共同推动治理工作的开展和实施。

（五）加强协调合作

这是农业面源污染治理效率的重要保障。政府要通过建立协调机制，促进不同部门之间的协作和合作，实现信息共享和资源整合。协调机制可以促进治理工作的顺利实施和推进，避免多头管理和资源浪费。推动跨部门合作，建立跨部门合作机制，加强农业、环保、水利等多个部门之间的协作和合作。跨部门合作可以实现资源共享和优势互补，提高治理工作的效率和效果。加强地方政府间的合作，建立区域协作机制，推动跨区域合作和共同治理。加强地方政府间的合作可以有效解决跨区域污染治理的问题，提高治理工作的覆盖面和精准度。加强企业和社会组织的合作，引导企业和社会组织积极参与治理工作，发挥其技术和资源优势。加强企业和社会组织的合作，可以实现治理工作的多元化和协同化，提高治理工作的效率和效果。

四、考核保障措施

采取考核保障措施可以强化治理责任，推动各相关主体履行治理职责，提高治理效果和成效。通过建立科学、全面的考核评估体系，可以对农业面源污染治理工作进行定量和定性的评估，对各地区和相关单位的治理成果进行量化和比较。考核保障措施可以设立治理目标和指标，明确责任主体，设立奖惩机制，激励和约束各方农业面源污染治理的积极性和主动性。同时，考核保障措施还可以加强数据监测和信息公开，提供真实、可信的数据基础，为考核评估提供科学依据。通过考核保障措施，可以促使各相关主体加大治理力度，优化管理措施，提高治理效果。此外，考核保障措施还能够形成压力和约束，引导农业面源污染治理向纵深发展，推动农业生产方式的转型升级，促进农业可持续发展和生态环境的改善。要提升福建省农业面源污染治理效率，就要从考核方面采取保障措施。这主要包括建立考核体系、制定考核办法、加强考核督查、推广先进经验等几个方面。

（一）建立考核体系

建立福建省农业面源污染治理考核体系，明确考核指标和标准，并将其纳入政府绩效考核和相关部门考核体系，形成对各级政府和相关部门的考核压力，促进治理工作的实施和推进。政府可以根据福建省农业面源污染治理的实际情况，制定相应的考核指标，如化肥农药使用量、养殖池塘废水排放量、农业废弃物综合利用率等。考核指标应该与治理工作的目标相匹配，能够反映治理工作的实际效果和成效。根据考核指标制定相应的考核标准，如化肥农药使用量应该降低多少、养殖池塘废水排放量应该达到多少、农业废弃物综合利用率应该提高多少等。考核标准应该具有可操作性和可量化性，能够准确反映治理工作的实际情况和成效。将考核对象划分为不同的层级，包括地方政府、农业企业、农户等。考核对象应该覆盖治理工作的各个方面，确保考核的全面性和客观性。根据实际情况制定不同的考核周期，如季度、半年度、年度等。考核周期应该能够保证考核的及时性和有效性，同时应该与治理工作的周期相匹配，确保考核的实际意义。

（二）制定考核办法

制定福建省农业面源污染治理考核办法，包括明确考核流程、考核方法、考核结果处理等方面的内容。考核流程是指考核实施的步骤和流程。政府可以根据考核体系的要求，制定相应的考核流程，如考核指标的确定、考核对象的筛选、考核方法的选择、考核结果的处理等。考核流程应该清晰明确，能够保证考核的科学性和公正性。考核方法是指考核实施的具体手段和方法。政府可以根据考核指标和考核对象的不同特点，选择不同的考核方法，如问卷调查、现场检查、数据对比等。考核方法应该能够全面反映治理工作的实际情况和成效，同时应该具有可操作性和可重复性。考核结果处理是指对考核结果进行分析和处理的过程。政府可以根据考核结果，对治理工作的成绩和不足进行奖励和惩罚，以及对治理工作进行调整和改进。考核结果处理应该公正、公开、透明，确保考核的有效性和公信力。

（三）加强考核督查

政府应该加强考核督查，对各地的治理工作进行检查和评估，及时发现问题和不足，促进治理工作的落实和推进。同时，考核督查应该公开透明，确保公正性和科学性。政府可以采取多种方式加强考核督查，其一，定期组织考核督查组对各地治理工作进行现场检查和评估，发现问题和不足，提出整改意见和建议；其二，建立考核督查制度，对考核指标、考核标准、考核对象、考核周期等进行规范和标准化，确保考核的客观性、公正性和科学性；其三，建立考核督查信息平台，实现对治理工作数据的实时监控和管理，及时发现问题和不足，推动问题的解决和整改。此外，政府还应加强对治理工作重点领域和关键环节的考核督查，其一，对化肥农药使用量、养殖废水、畜禽粪污等重点领域加强考核督查，提高治理工作的针对性和实效性；其二，对各地政府和农业企业的治理工作加强考核督查，推动各地治理工作的落实和推进；其三，对治理工作的关键环节，如治理方案的制订、实施效果的评估、问题整改等方面加强考核督查，确保治理工作的全面推进和落实。

（四）推广先进经验

福建省各地在农业面源污染治理成效考核方面采取了一系列的措施，包括制定科学合理的考核指标和评价标准、加强考核督查、建立奖惩机制和加强宣传教育等，这些经验可以为其他地区在农业面源污染治理方面提供借鉴和参考。制定科学合理的考核指标和评价标准是保证考核公正性和有效性的关键。福建省各地在制定考核指标和评价标准时，充分考虑当地的实际情况和特点，确保考核的科学性和实效性。加强考核督查是保障考核体系有效实施的关键之一。对各地的治理工作进行检查和评估，可以及时发现问题和不足，促进治理工作的落实和推进。福建省各地通过组织检查、评估和现场核查等方式，及时发现问题和不足，促进治理工作的落实和推进。建立科学合理的奖惩机制，对考核结果进行奖励和惩罚。

参考文献

1. 包国宪，关斌．财政压力会降低地方政府环境治理效率吗—— 一个被调节的中介模型［J］．中国人口·资源与环境，2019，29（4）：38-48.

2. 曾福生，刘俊辉．区域异质性下中国农业生态效率评价与空间差异实证——基于组合 DEA 与空间自相关分析［J］．生态经济，2019，35（3）：107-114.

3. 陈菁泉，信猛，马晓君，等．中国农业生态效率测度与驱动因素［J］．中国环境科学，2020，40（7）：3216-3227.

4. 陈敏鹏，陈吉宁，赖斯芸．中国农业和农村污染的清单分析与空间特征识别［J］．中国环境科学，2006（6）：751-755.

5. 程莉，林琼，李晓雪，等．中国乡村“三生”环境治理绩效评估及影响因素分析［J］．统计与决策，2022，38（13）：88-92.

6. 董秀海，胡颖廉，李万新．中国环境治理效率的国际比较和历史分析——基于 DEA 模型的研究［J］．科学学研究，2008，26（6）：1221-1230.

7. 范如国，朱超平，林金钗．基于复杂网络的中国区域环境治理效率关联性演化分析［J］．系统工程，2019，37（2）：1-11.

8. 方永丽，曾小龙．中国省际农业生态效率评价及其改进路径分析［J］．农业资源与环境学报，2021，38（1）：135-142.

9. 华春林，陆迁，姜雅莉．引导农户施肥行为在农业面源污染治理中的影响——基于中英项目调查分析［J］．科技管理研究，2015，35（14）：226-230.

10. 华春林，张玖弘，金书秦．基于文本量化的中国农业面源污染治理政策演进特征分析［J］．中国农业科学，2022，55（7）：1385-1398.

11. 黄英，周智，黄娟．基于 DEA 的区域农村生态环境治理效率比较分析［J］．干旱区资源与环境，2015，29（3）：75-80.

12. 姜海，杨杉杉，冯淑怡，等．基于广义收益—成本分析的农村面源污染治理策略［J］．中国环境科学，2013，33（4）：762-767.

13. 金书秦，韩冬梅，牛坤玉．新形势下做好农业面源污染防治工作的探讨［J］．环境保护，2018，46（13）：63-65.

14. 金书秦，沈贵银，魏珣，等．论农业面源污染的产生和应对［J］．农业经济问题，2013，34（11）：97-102.

15. 金书秦，沈贵银．中国农业面源污染的困境摆脱与绿色转型［J］．改革，2013（5）：79-87.

16. 金书秦，王欧．农业面源污染防治与补偿：洱海实践及启示［J］．调研世界，2012（2）：40-42.

17. 金书秦，魏珣，王军霞．发达国家控制农业面源污染经验借鉴［J］．环境保护，2009（20）：74-75.

18. 金书秦，魏珣．农业面源污染：理念澄清、治理进展及防治方向［J］．环境保护，2015，43（17）：24-27.

19. 金书秦，邢晓旭．农业面源污染的趋势研判、政策评述和对策建议［J］．中国农业科学，2018，51（3）：593-600.

20. 金书秦，张惠，张哲晰，等．“十三五”化肥使用量零增长行动评估及政策展望［J］．环境保护，2022，50（5）：31-36.

21. 金书秦，周芳，沈贵银．农业发展与面源污染治理双重目标下的化肥减量路径探析［J］．环境保护，2015，43（8）：50-53.

22. 金书秦．农业面源污染特征及其治理［J］．改革，2017（11）：53-56.

23. 赖斯芸，杜鹏飞，陈吉宁．基于单元分析的非点源污染调查评估方法［J］．清华大学学报（自然科学版），2004（9）：1184-1187.

24. 李海鹏，张俊飚．中国农业面源污染与经济发展关系的实证研究［J］．长江流域资源与环境，2009，18（6）：585-590.

25. 李南洁，肖新成，曹国勇，等．面源污染下三峡库区农业生态环境效率及影子价格测算［J］．农业工程学报，2017，33（11）：203-210.

26. 李秀芬，朱金兆，顾晓君，等．农业面源污染现状与防治进展［J］．中国人口·资源与环境，2010，20（4）：81-84.

27. 梁流涛，冯淑怡，曲福田．农业面源污染形成机制：理论与实证［J］．中国人口·资源与环境，2010，20（4）：74-80.

28. 马国栋．农村面源污染的社会机制及治理研究［J］．学习与探索，2018（7）：34-38.

29. 闵继胜，孔祥智．我国农业面源污染问题的研究进展［J］．华中农业大学学报（社会科学版），2016（2）：59-66+136.

30. 聂弯，于法稳．农业生态效率研究进展分析［J］．中国生态农业学报，2017，25（9）：1371-1380.

31. 潘丹，应瑞瑶．中国农业生态效率评价方法与实证——基于非期望产出的 SBM 模型分析［J］．生态学报，2013，33（12）：3837-3845.

32. 秦天，彭珏，邓宗兵，等．环境分权、环境规制对农业面源污染的影响［J］．中国人口·资源与环境，2021，31（2）：61-70.

33. 丘雯文，钟涨宝，原春辉，等．中国农业面源污染排放的空间差异及其动态演变［J］．中国农业大学学报，2018，23（1）：152-163.

34. 饶静，纪晓婷．微观视角下的我国农业面源污染治理困境分析［J］．农业技术经济，2011（12）：11-16.

35. 尚杰，尹晓宇．中国化肥面源污染现状及其减量化研究［J］．生态经济，2016，32（5）：196-199.

36. 沈贵银，孟祥海．农业面源污染治理：政策实践、面临挑战与多元主体合作共治［J］．云南民族大学学报（哲学社会科学版），2022，39（1）：58-64.

37. 施本植，汤海滨．中国式分权视角下我国工业污染治理效率及其影响因素研究［J］．工业技术经济，2019，38（5）：152-160.

38. 孙大元，杨祁云，张景欣，等．广东省农业面源污染与农业经济发展的关系［J］．中国人口·资源与环境，2016，26（S1）：102-105.

39. 唐江桥，尹峻．改革开放 40 年来城镇化背景下农村生态环境问题探析［J］．现代经济探讨，2018（10）：104-109.

40. 涂正革，谌仁俊．传统方法测度的环境技术效率低估了环境治理效率——来自基于网络 DEA 的方向性环境距离函数方法分析中国工业省级面板数据的证据［J］．经济评论，2013（5）：89-99.

41. 涂正革，谌仁俊．工业化、城镇化的动态边际碳排放量研究——基于 LMDI“两层完全分解法”的分析框架［J］．中国工业经济，2013（9）：31-43.

42. 涂正革，甘天琦．中国农业绿色发展的区域差异及动力研究［J］．武汉大学学报（哲学社会科学版），2019，72（3）：165-178.

43. 涂正革，王昆，谌仁俊．经济增长与污染减排：一个统筹分析框架［J］．经济研究，2022，57（8）：154-171.

44. 涂正革，王昆，甘天琦．中国工业生产率增长的绿色新动能［J］．东南学术，2021（5）：148-158+248.

45. 涂正革，周星宇，王昆．中国式的环境治理：晋升、民声与法治

[J]. 华中师范大学学报（人文社会科学版），2021，60（2）：44-60.

46. 王奇，李明全 . 基于 DEA 方法的我国大气污染治理效率评价 [J]. 中国环境科学，2012，32（5）：942-946.

47. 温婷，罗良清 . 中国乡村环境污染治理效率及其区域差异——基于三阶段超效率 SBM-DEA 模型的实证检验 [J]. 江西财经大学学报，2021（3）：79-90.

48. 吴义根，冯开文，李谷成 . 我国农业面源污染的时空分异与动态演进 [J]. 中国农业大学学报，2017，22（7）：186-199.

49. 武淑霞，刘宏斌，刘申，等 . 农业面源污染现状及防控技术 [J]. 中国工程科学，2018，20（5）：23-30.

50. 肖新成，何丙辉，倪九派，等 . 三峡生态屏障区农业面源污染的排放效率及其影响因素 [J]. 中国人口·资源与环境，2014，24（11）：60-68.

51. 徐维祥，郑金辉，李露，等 . 中国农业生态效率的空间关联及其影响因素分解 [J]. 统计与决策，2021，37（15）：62-65.

52. 闫丽珍，石敏俊，王磊 . 太湖流域农业面源污染及控制研究进展 [J]. 中国人口·资源与环境，2010，20（1）：99-107.

53. 颜鹏飞，王兵 . 技术效率、技术进步与生产率增长：基于 DEA 的实证分析 [J]. 经济研究，2004（12）：55-65.

54. 杨滨键，尚杰，于法稳 . 农业面源污染防治的难点、问题及对策 [J]. 中国生态农业学报（中英文），2019，27（2）：236-245.

55. 杨丽霞 . 农村面源污染治理中政府监管与农户环保行为的博弈分析 [J]. 生态经济，2014，30（5）：127-130.

56. 杨林章，冯彦房，施卫明，等 . 我国农业面源污染治理技术研究进展 [J]. 中国生态农业学报，2013，21（1）：96-101.

57. 杨林章，施卫明，薛利红，等 . 农村面源污染治理的“4R”理论与工程实践——总体思路与“4R”治理技术 [J]. 农业环境科学学报，2013，32（1）：1-8.

58. 于法稳，胡梅梅，王广梁 . 面向 2035 年远景目标的农村人居环境整治提升路径及对策研究 [J]. 中国软科学，2022（7）：17-27.

59. 于法稳，林珊 . 碳达峰、碳中和目标下农业绿色发展的理论阐释及实现路径 [J]. 广东社会科学，2022（2）：24-32.

60. 于法稳，林珊 . 中国式现代化视角下的新型生态农业：内涵特征、体系阐释及实践向度 [J]. 生态经济，2023，39（1）：36-42.

61. 张锋．环境治理：理论变迁、制度比较与发展趋势［J］．中共中央党校学报，2018，22（6）：101-108.

62. 张康洁，于法稳．“双碳”目标下农业绿色发展研究：进展与展望［J］．中国生态农业学报（中英文），2023，31（2）：214-225.

63. 张平淡，袁赛．决胜全面小康视野的农民收入结构与农业面源污染治理［J］．改革，2017（9）：98-107.

64. 张展，廖小平，李春华，等．湖南省县域农业生态效率的时空特征及其影响因素［J］．经济地理，2022，42（2）：181-189.

65. 张智奎，肖新成．经济发展与农业面源污染关系的协整检验——基于三峡库区重庆段1992—2009年数据的分析［J］．中国人口·资源与环境，2012，22（1）：57-61.

66. 郑丽楠，洪名勇．中国农业生态效率的时空特征及驱动因素［J］．江西财经大学学报，2019（5）：46-56.

67. 周玲芳，张之秋，周友兵．2001—2018年典型南北过渡带地区农业生态效率测度及时空特征分析［J］．生态科学，2023，42（3）：153-162.

68. 周亚莉，钱小娟．农业面源污染的生态防治措施研究［J］．中国人口·资源与环境，2010，20（S2）：201-203.

后　记

尊敬的读者：

福建省农业生产蓬勃发展，但与此同时也带来了重大的环境问题。制定切合实际的政策解决方案，扭转不利局面，绝非一朝一夕可成。本书对福建省农业面源污染治理效率进行了较为深入的研究，以期为农业面源污染治理提供理论和实证基础。本书研究成果不仅对福建省农业面源污染治理具有现实参考价值，而且提醒读者应树立绿色农业发展理念，平衡经济发展与环境保护之间的关系，促进高质量发展。

农业面源污染治理是一个复杂的系统性工程，需要政府、企业和社会各界的共同努力，只有这样才能取得更好的治理效果和更高的治理效率。希望本书的研究成果能够为相关部门和研究人员提供有益的参考，促进农业面源污染治理工作的不断深入和完善。

最后，本人要感谢所有支持和帮助完成这本书的人员和机构，也要感谢所有的读者，希望这本书能够对您就农业面源污染治理问题有所启发。

作者

2023 年 12 月 10 日

